남극생물학자의 연구노트 02

사소하지만 중요한

남극 바닷속
무척추동물 -킹조지섬 편

Marine Invertebrates in Antarctica
-King George Island

Korea Polar Research Institute

남극생물학자의 연구노트 시리즈는 극지과학의 대중화를 위하여 극지연구소에서 기획하였습니다. 극지연구소Korea Polar Research Institute, KOPRI는 우리나라 유일의 극지 연구 전문기관으로, 남극의 '세종과학기지'와 '장보고과학기지', 북극의 '다산과학기지', 쇄빙연구선 '아라온'을 운영하면서 극지 기후와 해양, 지질 환경 그리고 야생동물들과 생태계를 연구하고 있습니다. 또한 극지 관련 국제기구에서 우리나라를 대표하여 활동하고 있습니다.

사소하지만 중요한

남극 바닷속
무척추동물 -킹조지섬 편

Marine Invertebrates in Antarctica
-King George Island

김상희·김사흥 지음

GEOBOOK 지오북

머리말

　인구 50만의 도시. 50%가 고령층이며 최근 20년 동안 태어난 신생아 수가 가구당 0.2명밖에 되지 않는다면? 사라질 위기에 처한 이 도시는 우리나라 얘기 같지만, 남극 장보고기지 앞 연안에 사는 남극가리비의 현재 상황이다. 남극에서 환경 변화, 남획 등으로 개체 수가 급감하고 있는 종은 수도 없이 많다. 요즘 시중에서 인기리에 판매되는 남극 크릴오일이 얼마나 버틸까 걱정되는 것은 인류의 남획 본성에 대한 우려 때문이다.

　극지에 사는 생물은 경이롭다. 하루 종일 얼음 바닥에 누워 있어도 벌벌 떨지 않는 물개들이, 집 한 칸 없이 맨몸으로 평생 영하 50℃를 견디는 황제펭귄들이, 얼어붙은 호수 바닥의 실낱 같은 자갈 틈에서 몇 달씩 죽은 듯이 살아남는 요각류와 곰벌레들이 그렇다. 수명 또한 놀랍다. 물개는 25살, 황제펭귄은 40살, 남극성게와 남극가리비조차도 40살, 그린란드상어는 300살, 남극의 어떤 해면은 10,000살—오타가 아니다. 만년—을 산다고 한다. 최근에는 이런 놀라운 능력을 이용하고자 '저온과 수명연장', '냉동인간 기술', '저온 활성 효소', '항생제' 등을 찾아내려는 연구들이 진행 중이다. 분명 극지에는 우리에게 이로운 것이 무궁무진하다.

11월의 남극 바다는 3m에 가까운 두꺼운 해빙으로 덮인다. 물 밑으로 들어가려면 이걸 뚫어야 한다. 우리가 선택한—정확히는 선택할 수밖에 없는—방법은 녹이는 것이다. 따뜻한 물을 뿜어 녹이는 방식인데 시간과 노고는 독자들의 상상에 맡긴다. 그렇게 뚫고 들어간 물속은 상상 이상으로 아름답다. 우리가 살던 세계와는 또 다른 세상, 엄청난 차가움, 푸르다는 것만으로는 충분하지 않은 깨끗함, 여기에 우리가 하등하다고 여긴 온갖 하찮은 것들이 여유롭게 펼쳐져 멋진 풍경을 연출한다. 이곳에서 대체 누가 더 모자라다는 말인가! 남극 활동을 하며 배운 사실은 그 어떤 존재도 다른 존재보다 전적으로 우월하지 않다는 것이다. 누가 시키지 않아도 저절로 겸손을 배우게 된다. 푸른 물속. 얼음 위에서는 꿈틀꿈틀 굼벵이 같이 기어가던 해표가 휘파람 같은 경계음을 내며 순식간에 주변으로 다가온다. 더욱 겸손해지는 순간이다.

남극에서의 연구 활동은 아주 제한적이다. 전체 중에 지극히 일부만

을 볼 수 있다. 이제 막 연구를 시작한 젊은 연구자나 십수 년이 넘는 경험을 지닌 저명한 연구자나 모두 겪을 수밖에 없는 환경적·과학적 한계와 극히 일부만 보고 거대 생태계를 해석해야 하는 과학적 모순에 부딪힌다. 아주 잠깐 '점' 수준의 좁은 공간을 관찰하고 마치 남극 바다를 모두 경험한 것처럼 자만하지 않도록, 이런 과학적 결함을 자연에 대한 겸손으로 채워나가야 한다는 것을 다시 한 번 깨닫는다.

이 책에서 소개된 남극 바닷속 무척추동물들과 수중 환경은 대부분 남극 세종기지에서 촬영하고 경험한 것들이며, 장보고기지와 남극 로스해 주변의 기지와 생물들에 대하여는 다음 기회에 소개할 생각이다. 책을 쓰는 데 도움을 주신 분들이 많다. 수중에서 연구 활동 전반을 맡은 ㈜인더씨의 수중 탐사팀, 바쁜 기지업무 중에도 해상 지원을 아끼지 않았던 기지 월동대원들, 극지생명과학연구부의 많은 동료 연구자들이 함께 노력한 결과로 책이 만들어졌다. 몇 년째 우리와 남극 수중연구를 함께 하며 아낌없이 노하우를 전수해 주고 있는 뉴질랜드 와이카도 대학의 이안 교수(40년 남극 수중탐사 전문가)에게 깊이 감사 드린다.

　　남극의 바다는 우리가 뚫지 않아도 여름에 녹았다 얼기를 반복하며 그들만의 세상을 만들어 갈 것이다. 환경이 바뀌면 바뀌는 대로 오랜 진화역사 동안 그랬던 것처럼 적응해 갈 것이다. 그럼에도 매년 남극과 북극의 급격히 변하는 환경을 직접 보고 있자면 할 수 있는 게 없어서 미안하고 안타까운 마음이 앞선다. 연구라는 미명 하에 잘살고 있는 남의 집에 들어가 휘젓고 있는 것은 아닌지 조심스럽다. 약간의 지식으로 자만해진 모양새가 되지 않도록 '지킬 가치가 있는 남극'에서 가치를 밝히는 것이 극지연구자의 사명이라고 생각한다. 이 책을 통해 경이롭고 놀라운 남극 생물들을 알게 되고 나아가 이들과 우리가 공존할 수 있도록 환경을 보호해야겠다는 생각이 들면 좋겠다.

2019년 12월

지은이 김상희, 김사홍

제2부
차디찬 물속도 천국으로 만드는 무척추동물들

남극세종기지 앞 바닷속 무척추동물의 주요 서식 정보

● 조사 지점

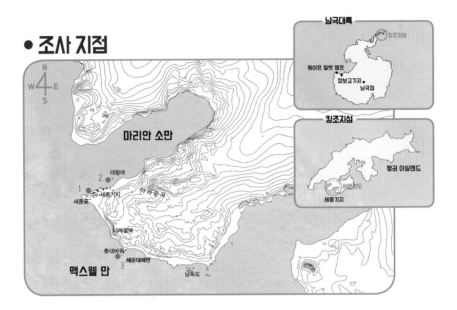

● 분류군별 출현종수

2016~2017년 여름 조사

해면동물문	과 9	종 20
자포동물문	과 4	종 9
유즐동물문	과 1	종 1
외항동물문	과 11	종 12
유형동물문	과 1	종 1
연체동물문	과 14	종 19
완족동물문	과 1	종 2
환형동물문	과 4	종 8
절지동물문	과 8	종 14
극피동물문	과 11	종 19
척삭동물문	과 8	종 14
기타	과 0	종 0

-총 11개 분류군Taxa, 72개의 과Family, 119개의 종Species이 출현-

● 서식지 모식도 1 - 세종기지 앞

세종기지 앞 바닷속 미세 퇴적물에 의한 진흙기질 위로 외부에서 온 암석들이 층으로 연속된 구조를 이룬다.

복조류 및 옆새우

수심 10m까지 완만한 경사를 이루고 있으며, 주로 삿갓조개류의 연체동물과 옆새우류가 우점*한다.

* 우점: 어떤 종이 군락지 안에서 가장 많은 수나 넓은 면적을 차지함

5m
10m
15m
20m
25m
30m
35m
40m
45m

해조류 우점

수심 10~20m 범위에는 대형 갈조류를 비롯한 해조류가 우점하는 구조를 이루고 있다.

불가사리 우점

멍게류 우점 군락

부채산호 서식
염통성게 서식

수심 25m 내외에서는 불가사리류가 주로 나타나며, 수심 30m 내외에는 다양한 종류의 멍게류가 암석의 위와 아래 또는 돌 틈에 붙어 있다.

수심 40m 근처에는 암석의 영향이 적고 펄 바닥이 나타나는데, 이곳에 부채산호류와 조개류가 서식한다.

● 서식지 모식도 2 - 세종기지 인근 마리안-코브 돌섬

마리안-코브 돌섬은 세종기지 인근에 위치한 작은 암초이며 서식 기질은 암반과 경사면에 쌓인 돌들로 구성된다. 수심에 따른 서식 우점종 양상은 기지 앞과 매우 유사하다.

수심 10~25m에는 해조류가 우점하며, 돌멩이 밑에는 옆새우가 주로 서식하고 있다.

복조류 및 옆새우

해조류 우점

불가사리 우점

멍게류 우점 군락

부채산호 서식
염통성게 서식

수심 30m 내외에서는 불가사리류와 멍게류가 주로 우점한다.

수심 40m 내외에는 부채산호와 성게류가 나타난다.

5m
10m
15m
20m
25m
30m
35m
40m
45m

● 서식지 모식도 3 - 펭귄마을 촛대바위

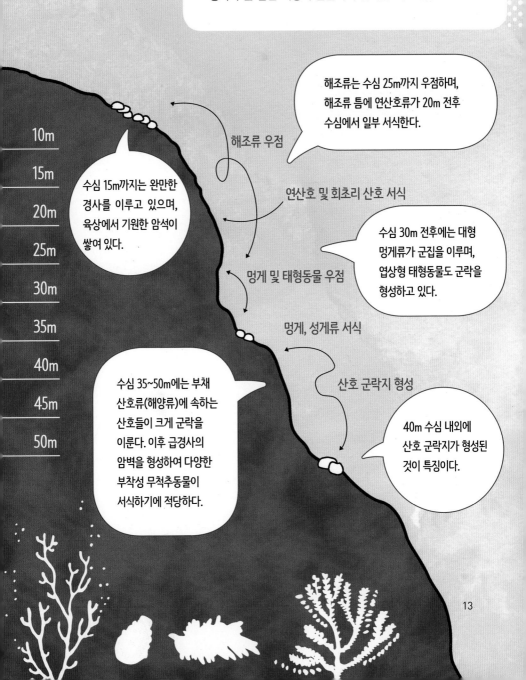

펭귄마을 촛대바위는 수면으로 솟은 작은 암초로, 수중에는 경사가 큰 암반 지형이 발달하여 암벽을 이룬다.

해조류는 수심 25m까지 우점하며, 해조류 틈에 연산호류가 20m 전후 수심에서 일부 서식한다.

해조류 우점

수심 15m까지는 완만한 경사를 이루고 있으며, 육상에서 기원한 암석이 쌓여 있다.

10m
15m
20m
25m
30m
35m
40m
45m
50m

연산호 및 회초리 산호 서식

수심 30m 전후에는 대형 멍게류가 군집을 이루며, 엽상형 태형동물도 군락을 형성하고 있다.

멍게 및 태형동물 우점

멍게, 성게류 서식

산호 군락지 형성

수심 35~50m에는 부채 산호류(해양류)에 속하는 산호들이 크게 군락을 이룬다. 이후 급경사의 암벽을 형성하여 다양한 부착성 무척추동물이 서식하기에 적당하다.

40m 수심 내외에 산호 군락지가 형성된 것이 특징이다.

13

남극 바닷속 무척추동물

남극 바닷속에는 많은 종류의 무척추동물이 서식하고 있으며 수중탐사를 통해 관찰할
수 있지만 여기에는 이 책에 등장하는 주요 무척추동물(문)만을 정리하여 소개한다.

 해면동물 phylum Porifera

해면동물을 '스펀지(sponge)'라고 하며 학명은 Porifera
이다. 즉 '몸에 구멍을 많이 가지고 있다'는 뜻이다. 해면은
몸에 있는 작은 구멍들로 물을 빨아들이고 몸을 지나는 물
로부터 세포들이 영양물질을 섭취한 후 대공으로 내뿜는
다. 해면은 남극 바다에서 가장 잘 적응한 동물들 중 하나
이다.

 자포동물 phylum Cnidaria

자포동물에는 히드라, 산호, 해파리 등이 포함되어 있으며
이들은 공통적으로 자포(nematocyst)를 가진다. 대부분
수중생활을 하는데 남극바다에 많은 연산호의 경우 여러
개의 폴립이 군체를 이루고 있으며 각각의 폴립이 독립적
으로 먹이를 섭취한다. 참고로 말미잘은 산호에 속한다.

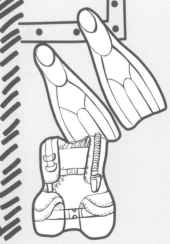

유즐동물 phylum Ctenophora

유즐동물은 몸에 빗 모양의 띠(즐판대)를 가지는 무리로
서 '빗해파리'라고도 한다. 과거에는 자포동물과 함께 강장
동물에 속해 있었으나 지금은 독립적인 문(phylum)으로
분리되었다. 대부분의 종이 바다에 떠다니며 살며 몸은 대
부분 반투명한 흰색으로 매우 연약하다. 영화 「아바타」에
나오는 정령들의 모습은 이 동물의 외형에서 아이디어를
얻었다고 한다.

 ### 태형동물 phylum Bryozoa

태형동물을 '이끼벌레'라고도 하는데 이끼와 같이 바위에 붙어서 산다. 외골격 안에 여러 개의 개충(zooid)들이 모여서 군체를 이룬다. 군체는 암수한몸이며 모양이 매우 다양한데 보통 그물 모양의 단단한 외골격을 갖거나 해조류와 비슷한 잎사귀 모양을 한다. 태형동물은 최근 외항동물과 내항동물로 분리되었다.

 ### 유형동물 phylum Nemertina

유형동물을 일명 '끈벌레'라고 부르는데 영명으로는 ribbon worm이다. 몸의 외형은 매우 단순해서 긴 끈 모양을 하는데 양 끝에 입과 항문이 있다. 평소에는 동물의 창자처럼 몸을 꼬고 있으며 먹이를 먹을 때는 잎을 크게 벌려서 삿갓조개와 같은 연체류를 통째로 삼킨다. 남극에서는 현재까지 1종만이 알려져 있다.

 ### 연체동물 phylum Mollusca

연체동물은 해양환경에 가장 잘 적응한 무척추동물이다. 고둥, 조개, 낙지 등이 대표적인데 인간에게는 식용자원뿐만 아니라 화폐, 보석, 생활 도구 등으로써 매우 유용하게 쓰이고 있다. 세종기지에는 고둥류가 주로 서식하며 몇몇 종의 조개류와 군부가 발견된다.

15

완족동물 phylum Brachiopoda

완족동물을 '조개사돈'이라고도 부르며 과거에는 연체동물에 속해 있기도 했다. 두 장의 조개껍데기를 닮은 볼록한 판이 포개진 모양이며 판이 합쳐진 한쪽 끝이 바위나 다른 동물의 표면에 붙어 있다. 화석종이 약 30,000종으로 현생하는 300여 종보다 훨씬 더 많이 알려져 있으며 과거 고생대 시기에 매우 번성했던 동물이다.

 환형동물 phylum Annelida

환형동물은 지렁이를 가리키는 말이며 이들 중에서 바다에 사는 무리를 '갯지렁이'라고 한다. 몸은 길고 마디를 이루며 마디마다 측각이 발달해 있다. '바다의 청소부'라고도 불리는데 갯벌 속에 파고 들어가서 구멍을 만들거나 갯벌의 유기물을 섭취하고 배설함으로써 갯벌에 생기를 불어넣어 준다.

 절지동물 phylum Arthropoda

절지동물은 지구상에서 가장 번성한 동물이며 현존하는 생물종의 약 80%가 여기에 속한다. 절지동물에는 곤충, 지네, 거미 등이 포함되며 바다거미류를 제외하고 거의 모두 육상에 서식한다. 갑각류는 대부분 해양에 서식하는데 세종기지 주변에는 게나 새우는 없고 옆새우가 많다.

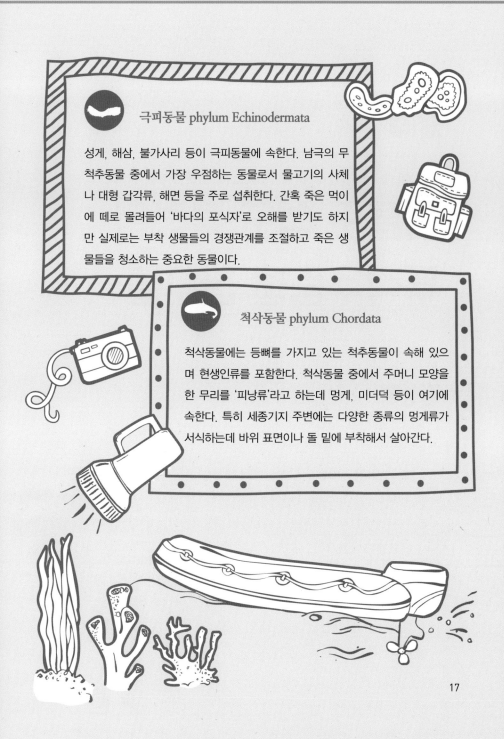

극피동물 phylum Echinodermata

성게, 해삼, 불가사리 등이 극피동물에 속한다. 남극의 무척추동물 중에서 가장 우점하는 동물로서 물고기의 사체나 대형 갑각류, 해면 등을 주로 섭취한다. 간혹 죽은 먹이에 떼로 몰려들어 '바다의 포식자'로 오해를 받기도 하지만 실제로는 부착 생물들의 경쟁관계를 조절하고 죽은 생물들을 청소하는 중요한 동물이다.

척삭동물 phylum Chordata

척삭동물에는 등뼈를 가지고 있는 척추동물이 속해 있으며 현생인류를 포함한다. 척삭동물 중에서 주머니 모양을 한 무리를 '피낭류'라고 하는데 멍게, 미더덕 등이 여기에 속한다. 특히 세종기지 주변에는 다양한 종류의 멍게류가 서식하는데 바위 표면이나 돌 밑에 부착해서 살아간다.

17

제1부

이름도 성도 몰랐던
무척추동물 친구들

김상희

우리의 이름과
생김새가 참 낯설죠?

체력만이 살길이다
극지 안전 훈련 받기

극지로 가기 전에 받아야 하는 필수 교육으로 이론 교육과 야외 실전 교육이 있다. 이론 교육 시간에는 활동 안전, 환경 보호, 남극 조약 등에 관해 배운다. 야외 실전 교육은 부산에 있는 한국해양수산연수원에서 탐사 목적에 따라 5박 6일 또는 2박 3일로 진행된다. 무전기와 GPS 사용법, 텐트 치는 법, 심폐 소생술을 배우고 소방 훈련도 받는다. 육상팀과 달리, 해양 관련 연구자들은 추가로 입수 훈련을 받는다. 입수 훈련을 할 때 수영장 천장에 매달아 놓은 모형 헬리콥터 안에 안전벨트를 하고 앉으면 그대로 가라앉는다. 물속에서 안전벨트를 풀고, 발로 유리창을 차고 빠져나와야 한다. 양 어깨로 교차되어 내려온 안전벨트도 낯설고, 안경을 벗어 앞도 잘 안 보이는데 물속에서 유리창을 발로 차서 떨어뜨리는 게 어디 쉬운 일인가? 안전 요원들이 나 같이 허우적대는 훈련자를 주시하다가 도와주지만, 나는 실제 상황인 듯 공포감이 들었다. 만약 실제 사고라면 뿌연 물 때문에 더 안 보일 테고 빠져나와도 얼마나 헤엄쳐 올라가야 할지 모를 테니 열 배는 더 무서울 것 같다. 눈이라도 보이면 나으려

극지로 가려면
몸과 마음이 모두
튼튼해야 합니다.

극지로 가기 전에 받아야 하는 필수 교육으로

이론 교육과 야외 실전 교육이 있다.

1~3 소방 훈련. 자나깨나 불조심. 남극기지에서는 작은 불이라도 난다면 직접 화재 진압을 해야 하기 때문에 실전훈련을 거쳐야 한다.

4 입수 훈련. 남극에서는 기지와 조사지를 오갈 때 고무보트를 탈 때가 많다. 행여라도 있을 위험 상황에 대비하려고 대원들이 모두 함께 생존을 위한 훈련을 한다.

1~3 물속의 모형 헬리콥터에서 탈출하는 훈련. 만에 하나 헬리콥터가 물속으로 추락한다면... 상상하고 싶지 않지만 훈련은 필수다.

4~5 교육이 끝나면 수료증과 이수증을 받을 수 있다.

나 싶어 심각하게 라식 수술을 고려했다.

훈련을 받고 내린 결론은 '크레바스(빙하의 표면에 생긴 깊은 균열)든 물이든 그 안으로 빠지면 이것저것 해 볼 틈도 없겠구나'이다. 영하의 바닷물에 푹 젖은 안전복과 천근 같은 내 몸을 5분 내에 조디악이라고 부르는 15인승 고무보트 위로 끌어올리지 않으면(정말 운 좋게 조디악이 눈앞에 보이기라도 하면 가능할지도 모르겠다) 곧 심정지가 올 것이기 때문이다. 물론 이런 일들이 생기지 않도록 철저히 배낭을 싸고, 매일 아침 식당 앞에서 기상예보를 보고, 때로는 연구원들을 못 나가게 제한하고, 나간 연구원들에게 수시로 무전을 한다. 사고 앞에 노벨상이 대수냐, 무사고가 우선이다. 지금까지 아무 일 없었지만 해를 거듭할수록 남극 자연에는 인간의 자만을 내려놓고 저절로 겸손해지게 하는 무시무시함이 있다.

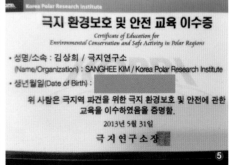

5일만에
4계절을 경험하다

    남극으로 출장을 간다고 하면 대개 다음과 같은 인사말들을 듣는다. "저런, 그럼 식구들 밥은?"(그래도 예전에 비하면 이런 인사말은 많이 줄었다), "좋겠다! 나는 언제 가 보나", "다른 거 말고… 펭귄 육포 갖고 와. 맛이 궁금해", "북극곰 조심해." 의외로 알 만한 어른들이 너무나 쉽게 남극에서 북극곰을 보고 오라고 한다. 북극곰이라고? 이 사람들아, 남극엔 북극곰이 없단 말이야! 그리고 혹시나 오해할까 봐 적는데 남극에서는 절대 펭귄 육포를 먹을 수 없다. 연구를 위해 채집하는 모든 생물은 종류와 개수까지 우리나라 외교부의 승인을 받아야 한다. 옛날, 규제가 없던 시절에 남극으로 포경선이 다닐 때는 부족한 땔감 대신 펭귄을 잡아 연료로 썼다고 한다. 그만큼 지방이 많고 맛은 없다고 한다. 또 (다리) 피부는 얼마나 질긴지 타이어 고무 같다(하지만 아기 펭귄의 발바닥은 부드럽고 진짜 따끈따끈하다!).

    남극이든 북극이든 인간의 접근은 대부분 여름에만 허락된다. 그래서 한국이 여름일 때 북극으로 가고 한국이 겨울일 때 남극으로 간다. 북극의 경우 주로 첫 탐사팀이 들어가는 5~6월부터 8월까지 연구가 진행되고, 나는 보통 2주에서 한 달 정도 되는 일정으로 다녀온다. 출발할 때 한국은 여름이다 보니 반팔을 입고 경유지인 핀란드, 노르웨이 공항에 도착하면 기내 가방에 챙겨 넣은 두꺼운 옷을 꺼내 입는다. 그 다음

1 현지인과 비교되는 옷차림
2 순록과 곰 통조림
3 기념품 가게에서 본, 북극곰이 그려진 담요
4 '북극곰 주의' 표지판 앞에서 한 컷(극지연구소 이준혁 박사)

북극기지로 들어가기 직전에 들르는 스발바르 제도의 롱이어뷔엔 공항에 도착하면 본격적으로 방한복을 꺼내 입는다. 그래야 공항에서 숙소까지 가는 동안 갑작스런 북극 추위에 덜덜 떠는 걸 피할 수 있다. 한국 여름이 오죽 더운가? 모두 진심으로 시원한(?) 북극 출장을 부러워했다. 하지만 그들은 하나만 알고 둘은 모른다. 여름이 다 지난 다음에 귀국한다면 모를까 대부분 여름이 어중간하게 남은 8월 어느 날 귀국하는데 몸이 적응할 새도 없이 '어마무시한' 더위에 노출되어 더 힘들다.

그런데 북유럽과 북극기지의 기온을 생각하면 마음이 아프다. 기온이 얼마나 올라갔던지 경유지마다 서둘러 옷을 갈아입을 필요 없이 얇은 재킷으로 버틸 만했다. 북극다산과학기지에서조차도 오리털 방한복이 더울 지경이었다. 먼 산꼭대기 눈과, 산과 산 사이 빙하 줄기 외에는 다 녹아서 대부분 돌길이 되었고 베스트르 로벤브리인 빙하(Vestre Lovénbreen glacier)도 녹아서 발 밑 두꺼운 얼음 아래로 물이 시냇물 같이 흘렀다. 눈은 도대체 다 어디로 간 걸까. 올 봄에 여기 눈이 쌓여 있기는 했을까….

한편 남극으로 갈 때는 정확히 반대다. 12월 한국에서 두꺼운 방한복을 입고 칠레 산티아고 공항에 도착하면 한여름이다. 배낭에 못 넣고 허리에 묶은 방한복의 보온 효과 때문에 땀이 줄줄 난다. 산티아고에서 다시 칠레 남단 도시 푼타아레나스에 도착하면 그나마 한국 늦가을 날씨쯤이다. 그런데 작년부터 이곳도 변했다. 푼타아레나스가 얼마나 따듯해졌는지, 칠레 연구자들이 난생처음 밤에 더워서 잠을 못 잤다고 불평했다. 푼타아레나스는 워낙 추운 지역이라 우리나라의 가을 같은 날씨지만 칠레 사람들은 한여름이라고 여겨 다들 반팔을 입고 해변에서

심란한 표정의 인형들. 기후 변화를 걱정하는 중일까?

수영을 한다. 그러니 내가 따듯하다고 느낄 정도의 날씨였다면 평생 그 지역에서 살아온 사람들에게는 열대야일 수밖에. 올해 남극세종과학기지도 연일 영상 날씨여서 바다도 얼지 않았다고 한다. 세계 곳곳이 심각한 기후 변화를 겪고 있는 게 확실하다.

1 스발바르 제도에 있는 노르웨이 오슬로 공항. 다산기지로 갈 때 경유한다.

2 스발바르 제도에 있는 자동차 렌탈샵의 마크에도 북극곰이 그려져 있다.

3 스발바르 제도의 가장 큰 마을 롱이어뷔엔에 있는 탄광촌 시절을 콘셉트로 한 호텔

4 다산기지로 들어가는 경비행기

5 롱이어뷔엔 공항의 남녀공용 화장실

6 바깥 기온이 영상 10℃인 한여름의 북극다산기지

외투 하나만 벗으면
'여름 패션' 완성!

7 한여름 날씨인 겨울의 칠레 산티아고 공항
8 산티아고 공항에서 방한복을 벗으면 바로 반팔 차림새다.
9 칠레 산티아고 공항에서 찍은 단체 사진
10 남극기지로 가는 군용 항공기 내부의 모습
11 한여름에 내린 눈으로 만든 세종기지의 눈사람
12 장화를 신은 모습처럼 발만 남은 펭귄 사체

남극행 짐을 쌀 때 가방이 중요한 이유는?

　남극 출장일이 잡혔을 때 제일 먼저 할 일은 가볍고 튼튼한 가방을 고르는 일이다. 남극세종기지로 가려면 직항만 타더라도 비행기 세 번, 고무보트 한 번을 타야 한다. 총 닷새 동안 인천(아시아) – 파리 또는 로마(유럽) – 칠레(남아메리카 대륙) – 남극의 네 대륙을 거쳐야 간다. 좁은 비행기 좌석에 장장 30시간 동안 앉아 있다 보면 없던 하지정맥류부터 말 못할 신체적 문제까지 생길 지경이 된다. 짐이나 가볍나. 노트북, 아이패드 같은 전자 기기에다 짐으로 부칠 수 없는 배터리, 전기선, 카메라까지. 등에 멘 기내용 배낭도 10kg을 훌쩍 넘는다. 1년에 한 번 정비하는 잠수 장비, 실험 장비들은 직접 들고 가야 하는 경우가 대부분이라 개인 짐을 줄이고 또 줄이는 방법밖에 없으니 '초초경량' 가방을 찾게 된다.

> 남극은 생각보다 멀고 가기 힘든 곳이라 준비할 게 이~만큼이야.

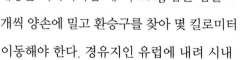

　배낭을 거북이처럼 메고, 20kg 넘는 짐을 두 개씩 양손에 밀고 환승구를 찾아 몇 킬로미터를 이동해야 한다. 경유지인 유럽에 내려 시내

1~2 민간 항공사 DAP가 운영하는, 서남극 대륙으로 들어가는 항공기

여러 번 재사용할 수 있으니까 종이가 낭비되지 않아요.

1 DAP 항공사의 비행기표. 예전엔 이렇게 플라스틱으로 만들어 여러 번 사용했다.
2~4 조디악에 타기 직전의 모습들

에 있는 호텔로 가기 위해 공항 전철을 타고, 시내 전철역에 내려 호텔까지 1~2km를 걷는다. 경비 절약을 위해 웹 사이트에서 저렴하고, 작고, 고풍스런(=오래된) 숙소를 잡으면, 저런! 엘리베이터가 없다. 객실까지 가방을 직접 들고 계단을 오르내려야 한다. 이미 장시간 비행으로 심신이 방전된 후라 내 다리도 가방처럼 들어 올려야 할 지경이다. 그래서 요즘엔 슬슬 택시를 탄다.

그런데 이런 짐 무게보다 이동 내내 나를 짓누르는 걱정거리는 따로 있다. 분실과 파손이다. 환승할 때마다 짐 찾는 벨트 앞에 서면 '마지막 가방이 나올 때까지 내 가방이 안 보이면 어쩌지?', '지퍼가 터지거나 옆구리가 깨져 내용물이 몇 개 사라진 채 입을 벌리고 나오지 않을까?' 하는 생각이 들어 초조하다. 드문 일을 걱정한다고? 우리 팀만 해도 중간에 머무는 숙소로 또는 귀국 후 한국으로 짐을 받은 사람이 몇 명 있다. 다른 사람이 우리 팀 가방을 자신의 것이라고 착각해서 들고 가는 걸 간신히 쫓아가 바꿔 온 일도 있다. 그래서 유명 브랜드의 가방보다는 특이한 색과 모양의 가방을 사려고 노력한다.

어떤 경우든 가방은 포장 봉투일 뿐이어서 내용물만 내 손에 들어오면 된다. 분실하면 그 추운 남극에서 도대체 뭘 입으란 말인가? 입술 보호제, 자외선 차단제 하나 없으면 무시무시한 자외선과 추운 남극 바람에 입술이며 손이 트고 찢어지는 불편함을 감수해야 한다. 제일 민폐가 남한테 빌리는 거다. 남극은 사소한 물건도 본인이 들고 가지 않으면 어디에서도 구할 수 없고, 남는 물자도 없기 때문이다.

이동 중일 때 가방은 바퀴가 제일 잘 망가지고, 모퉁이가 깨지는 일도 흔하다. 유명 항공사의 직원들이 승객의 짐을 그야말로 짐짝처럼 던지는 동영상들은 이제 흔하게 볼 수 있다. 망가져서 바꾼 가방만 해도 족히 10개는 넘는 것 같다. 가방의 내구성은 유명 브랜드 가방이 좀 낫 겠지만 경험상 복불복인 것 같다. 그래서 최근엔 10만 원이 안 되는 저 렴한 가방을 몇 개 산다. 그리고 청테이프를 산다. 분실은 운에 맡기고 파손은 청테이프에 맡긴다. 벌어지거나 찢어진 부분을 청테이프로 붙 이고 그것으로도 부족할 땐 박스 포장하듯 동여매면 상당히 튼튼하다. 비를 쫄딱 맞아도 잘 달라붙어 있다. 그래서 기내용 배낭에 청테이프 하 나만 있으면 마음이 든든하다. 파손이 심해도 누비 가방처럼 엮어 붙이 면 목적지에 도착할 때까지 버틸 수 있다.

청테이프의 용도 하나 더! 고어텍스 바지가 찢어졌을 때 청테이프를 붙여 놓으면 한 시즌 동안 잘 입을 수 있다. 2018년 남극 케이프 에번 스(Cape Evans)의 해빙 지역에서 잠수 중이던 미국 맥머도 잠수 연구 자 스티브 루프(Steve Rupp)의 드라이수트에 테이프가 덕지덕지 붙은 걸 보고 수렴 진화(convergent evolution)를 실감했다. 모양은 좀 빠지 지만….

1~2 항공기 짐칸에서 바퀴가 어디로 사라진 걸까?
3~4 바퀴가 사라지거나 망가진 부분에 테이프를 붙였다.
5~6 테이프로 수리한 드라이수트를 입은 미국 연구자 스티브 루프

빙하가 녹으면 고래가 비쩍 마른다

해수 온도가 오르고 있다고 하면 일반인들, 심지어는 일부 과학자들조차 '약간 따듯해지는군! 그게 큰 문제인가?'라고 생각한다. 하긴 한여름에 동해는 수온이 20℃를 조금 넘기는 반면 서해는 대기 온도의 영향을 그대로 받아 30℃를 훌쩍 넘기기도 한다. 애가 탄 양식업자들이 바닷속에 에어컨을 놓는 기술이 없냐고 물을 지경이니 21세기 말에 4℃가 오른다고 해도 대수롭지 않을 수도 있다. 하지만 전 지구 바닷물의 총량은 약 14억km³이다. 이를 1℃ 올리기 위해서는 히로시마에 떨어진 핵폭탄 2,800만 개가 동시에 폭발하는 것과 비슷한 화력이 필요하다! 더구나 바닷물을 주걱으로 저어가며 골고루 데울 수 없으니, 해류의 불균형이 일어난다. 때문에 전 세계에 유례없는 엘니뇨가 일어나고 한쪽은 호우, 반대쪽은 지독한 가뭄에 시달리고 있다. 이 1℃가 야기하는 기후 변화로 이미 생물종 멸종이 선캄브리아기보다 빠르다고 하며, 또한 어류는 10년에 10km, 육상 생물은 6km씩 북쪽으로 이동했다. 부화 온도에 따라 성비가 바뀌는 푸른바다거북은 80%가 암컷으로만 태어나고, 학자들은 2050년까지 전 세계 어업량이 3분의 1로 급감할 것으로 예측한다. 세계자연보전연맹(International Union for Conservation of Nature and Natural Resources, IUCN)과 기후 변화에 관한 정부 간 협의체인 IPCC(Intergovernmental Panel on Climate Change)

등이 해수 온도가 금세기 최고의 위협이라고 보는 데는(아는 만큼 보이는) 이유가 있다.

특히 그 중에서도 세종기지가 있는 서남극은 전 세계에서 가장 빠르게 해수 온도가 상승하고 있는 곳이다. 빙하가 녹고 얇아지면 크릴

•크릴의 두 얼굴•

남부 크릴(*Euphausia Superba*)

해양 생태계 '살림꾼'

크릴 수만 마리가 무리 지어 초속 1m 속도로 이동하며 생기는 제트류(jet stream, 폭풍 등에 의해 형성되는 주변보다 매우 빠른 흐름)와 소용돌이가 바닷물을 위아래로 섞는다. 크릴의 이런 행동으로 해수 온도가 유지된다. 또한 바다 전체에 영양분이 고루 공급되어 해양 생태계가 순환된다(Houghton et al., 2018). 또한 크릴은 해수면에서 이산화탄소를 흡수한 작은 해조류들을 잡아먹고 심해로 내려가 배설하는데, 이로 인해 온실가스인 이산화탄소가 대기로 배출되지 않고 심해에 저장된다(Tarling & Thorpe, 2017).

해양 환경 '파괴자'

크릴은 미세 플라스틱을 바다에 확산시키는 역할을 하기도 한다. 크릴이 미세 플라스틱을 먹으면, 미세 플라스틱은 크릴의 몸 안에서 잘게 쪼개져 배출된다(Dawson et al., 2018). 미세 플라스틱은 크기가 작을수록 더 빠르게 확산되고 체내에 축적도 잘된다. 이 때문에 크릴이 해양 오염을 더 악화시키고 있다.

(krill)과 고래가 차례로 영향을 받는다. 크릴은 바다를 떠다니는 해양 동물로, 몸길이는 보통 5cm 정도이다. 생김새는 새우와 닮았으나 분류학상으로 게와 더 가깝다. 새우와 게는 다리가 10개(가슴다리쌍 5개)인 십각목에 속하는 데 반해, 크릴은 난바다곤쟁이목에 속해 목(order) 수준에서 다르니, 고래와 하마만큼 다르다고 할 수 있다.

크릴은 남빙양의 쌀이라 할 수 있다. 펭귄과 새, 오징어, 물고기, 물개, 수염고래 등 크릴이 먹여 살리는 바다 생물이 많다. 이런 크릴의 주먹이는 해빙 밑에 붙어 자라는 규조류(식물 플랑크톤을 이루는 주종)인데 빙하가 얇아지면 바다를 뚫고 들어오는 햇볕의 양이 증가하고 규조류의 광합성이 활발해진다. 규조류의 성장은 활발한 대신 불포화지방산(영양분으로 사용할 수 있는)이 줄어들고, 그걸 먹는 크릴의 지방

산의 질이 나빠져 결국엔 크릴을 먹는 고래의 건강 상태에도 영향을 미친다는 연구가 있다(Fuentes et al., 2016).

한겨울에 종종 세종기지 해안으로 크릴 떼가 떠내려온다. 온 해변 자갈밭에 크릴 떼가 널브러져 핏빛으로 물들면 큰 동물의 사체를 보는 듯 마음이 짠하다. 세종기지 옆 빙하가 녹으며 함께 밀려 나온 미세한 토사를 먹고 아가미가 막혀 질식해 죽은 사체들이다. 중국발 미세먼지로 인간이 고생하는 것처럼 바닷속에서도 생물들은 빙하가 녹으며 생겨난 미세 토사로 피해를 보는 셈이다. 오히려 고래의 뱃속으로 들어갔으면 나왔을 텐데….

빙하가 녹으면 고래는 어떻게 될까? 온난화로 크릴 수가 줄어들면 고래의 식량이 줄어드는 셈이고, 고래는 강제로 다이어트를 하게 될 것이다. '멸치, 정어리 등 바다에 널린 게 물고기인데 크릴이 줄면 딴 걸 먹

내 아가들 먹일
이유식도 크릴
이에요.

1 크릴
2~6 크릴로 물든 젠투펭귄의 서식지

온 해변 자갈밭에 크릴 떼가 널브러져 핏빛으로 물들면
큰 동물의 사체를 보는 듯 마음이 짠하다.

으면 되지 않냐'고 생각할 수도 있다. 하지만 사람에게 길들여진 동물을 제외한 대부분의 동물은 편식이 심한 편이다. 펭귄 위를 해부해 보면 대부분 크릴뿐이고, '다윈의 새' 핀치는 남가새 열매만 먹는다. 오죽하면 '송충이는 솔잎만 먹는다'는 속담이 있었을까. 대부분의 해양 생물은 평생 한두 종류의 먹이에 의존해 사이좋게 공존하는 삶을 살아왔다. 사실 크릴이 줄면, 해양 생물이 식성을 바꿔 참치를 먹을지도 모른다. 실제로 펭귄의 위를 분석한 결과, 크릴 외에도 옆새우 등 먹이가 다양해지고 있다는 논문도 있다.

그런데 만약 고래들이 식성을 바꿔 몸집이 작은 어린 참치나 정어리 등을 먹는다면 원양어선들과 또 다른 마찰을 일으킬 게 뻔하다. 일본, 노르웨이에서 이미 사람들의 이기심으로 인해 고래 어업이 계속되고 있는데, 비슷한 이유로 슬그머니 고래 어업을 찬성할 나라들이 생기지 않으리라고 장담할 수 있을까? 인간을 비롯한 모든 생물은 이미 먹이사슬로 엮여 있다. 불과 반세기 전에는 보지도 못했던 열대 과일, 알래스카의 랍스터 등 전 세계 온갖 산해진미를 공수해 먹을 정도로 잡식성인 인간이 생태계에 대해서는 이해하는 바가 거의 없는 듯하다.

섀클턴이 남극 탐험 때 끓여 먹었던 삿갓조개

영국의 탐험가 어니스트 섀클턴(Ernest Henry Shackleton, 1874~1922)이 쓴 남극 탐험 일지에 삿갓조개와 해초로 국을 끓여 먹었다는 기록이 있다. 남극삿갓조개(*Nacella concinna*)는 남극 대륙을 감싸 도는 차가운 남극 순환류가 더 강해지고 주변 대륙들과 남극이 멀어지면서, 그 사이를 흐르는 드레이크 해협(Drake Passages)이 세계에서 가장 넓은 해협이 된 후 생겨난 *Nacella*에 속하는 종이다. 이 조개는 서남극 얕은 바닷가에서 가장 흔하게 볼 수 있으며, 남극 새들의 주요 먹이원이다. 남방큰재갈매기(Kelp gull)는 먹이의 70% 이상이 삿갓조개라고 한다. 군락지 전체에 이들이 까먹고 남은 껍질들이 자갈처럼 깔려 있는 모습이 황량한 남극 토양에 색다른 풍경을 선사한다.

초창기에는 월동대원들이 무료한 월동 생활의 별미로 삿갓조개를 넣은 미역국을 끓여 먹기도 했다(비밀인가…). 쉽게 먹을 수 없는 남극산 해산물이라는 설렘 외에 맛이 기억나지 않는 걸 보아 그렇게 감동적이진 않았던 것 같다. 그런데 이젠 이 삿갓조개도 함부로 먹으면 안 되겠다. 여러 연구에 의하면 남극삿갓조개에 납, 카드뮴, 망간 같은 중금속이 많이 축적된다고 한다. 각국의 기지들이 밀집해 있는 킹조지섬은 매년 남극 유람선이 들어오고 방문 연구자의 수가 급증하면서 서남극 반도 중에서 중금속 오염이 가장 높아졌다고 한다. 미국 파머기지 주

1 빙하 후퇴 지역에 쌓인 삿갓조개의 껍질 더미
2 삿갓조개 껍질을 둥지 삼아 놓여 있는 남방큰재갈매기 알
3 젠투펭귄의 새끼가 삿갓조개를 까먹는 모습

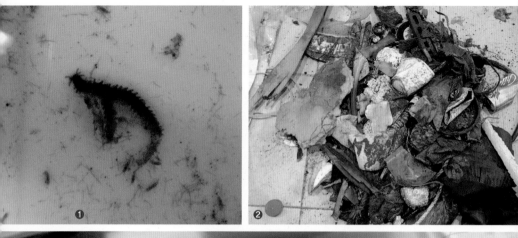

1 몸통이 2개인 갯지렁이. 환경오염 때문은 아니겠지?
2 세종기지 1km 반경 내에서 한 시간 동안 수거한 쓰레기들
3 기지 숙소 바닥에 매일 쌓이는 섬유 먼지들

변 아서항(Arthur Harbour)에서 선박의 대량 디젤 유출 사고가 발생했는데 2년 뒤 조사해 보니 남극삿갓조개에 유류 성분이 많이 축적된 것으로 나타났다. 최근에는 남극삿갓조개에 축적된 해양 나노 플라스틱까지 조사 중이라 한다. 남극삿갓조개가 온갖 인간 유래 오염물을 측정하는 대표 생물지표 종이 되었다는 게 마음이 아프다. 이들을 주식으로 먹고 사는 새들에게는 더 농축될 터인데 어떤 영향을 미칠지 걱정이 앞선다.

　해양으로 쏟아져 들어오는 중금속 문제는 어제오늘 문제가 아니다. 그린란드에서는 이누이트 원주민들이 대대로 즐겨 먹던 고래 고기의 중금속 오염이 심해 모유 수유 중인 산모는 섭취를 제한하도록 한다고 한다. 인간이 자연에 한 일을 자연으로부터 그대로 돌려받는 중이다.

남극 해양 오염은 이미 오래된 문제입니다.

남극에선 펭귄만 볼 수 있다고? 훨씬 더 많은 고유종이 있다

남극 생물 중에는 고유종 비율이 매우 높다. 그 말은 남극에서만 볼 수 있는 생물이 펭귄만은 아니라는 뜻이다. 사실 펭귄은 아프리카에도 있고 뉴질랜드에도 있고 마다가스카르에도 있다. 초기 펭귄은 백악기 말 뉴질랜드와 남극 대륙 사이의 해양에 살았으며 고대 화석을 보면 성인 남자만큼 컸다고 한다. 한 조류 공룡 유전자 분석 결과에 따르면 펭귄은 앨버트로스가 속해 있는 슴새목과 제일 가깝다(Jarvis et al., 2014). 날개를 펼쳤을 때 길이가 3m가 넘을 정도로 거대한 몸집과 가장 오래 나는 새로 유명한 앨버트로스는 수명도 60년이 넘는다. 날지 못하고 남극에만 사는 펭귄이 남북극을 횡단하는 가장 멀리, 오래 나는 새와 가깝다는 사실도 재미있다.

전 세계 생물종 수는 2017년 기준으로 1,700만여 종이며 이 가운데 북극에 1.2%, 남극에 1.6%가 산다. 양극을 다 합쳐도 2만 종이 안 된다. 남극 생물 중 저온에 적응해 오랜 기간 종 분화 과정을 거친 절반 가량이 남극에서만 볼 수 있는 고유종으로 여겨진다.

극피동물의 일종인 불가사리는 초기 연구 결과 50% 이상이 신종이었다. 왜 남극 바다에는 신종이 쏟아질까? 남극 순환류에 의한 고립과 극한의 환경에 맞춰 진화했기 때문이다. 남극 육상에 사는 생물들도 약

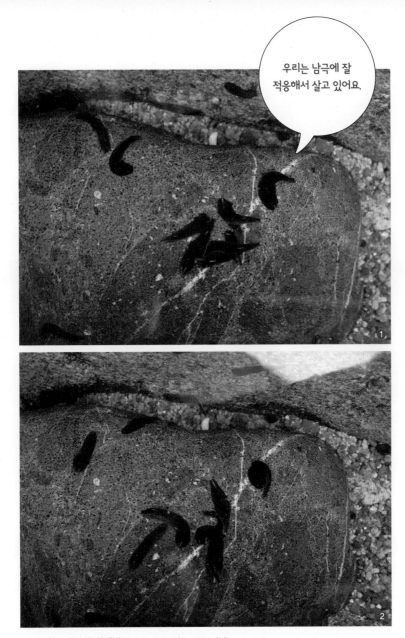

1〜2 남극 해양의 거머리 *Obrimoposthia wandeli*

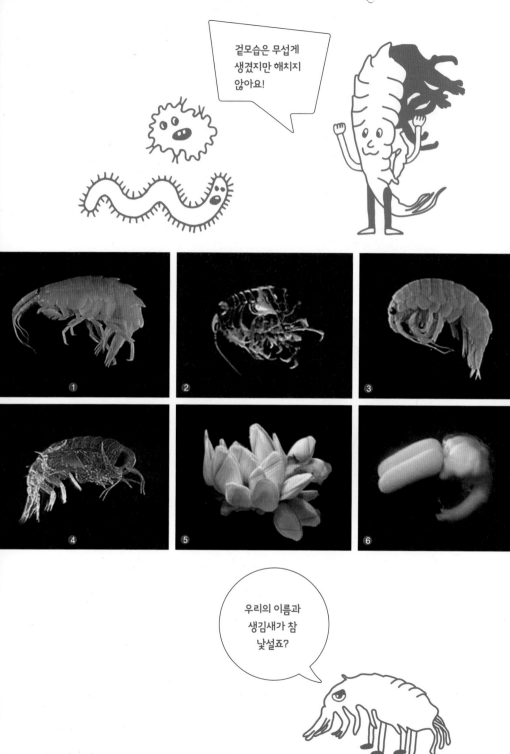

1~4 다양한 남극 단각류

5 남극따개비

6 남극대구에서 잡은 기생성 요각류

7 남극 윤형동물(*Philodina gregaria*)

8~9 남극물곰(*Actuncus antarcticus*)

10 담수 요각류 보켈라 포페이(*Boeckella poppei*)

11~14 남극 토양에 사는 다양한 섬모충류

15 등각류

16 남극 새에 붙어 사는 깃털 진드기

남극 고유종들은 온도 상승과
외래종 유입이라는 이중고에 놓여 있다.

1만 년 전 마지막 빙하기에 빙하에 적응하거나 운 좋게 화산 열기가 남아 있는 피난처(refuge)에서 살아남았거나 얼음이 녹기 시작한 시기에 남극도둑갈매기 깃털에 붙어, 혹은 바람에 실려 운 나쁘게 남극 땅에 떨어져 최후에 살아남은 생존자들인 셈이다. 이들은 귀중한 진화의 산물로서, 유전정보에 고스란히 담겨 있을 생존 전략과 대사 물질들은 또 얼마나 가치가 있을지 가늠하기 어렵다.

기후 변화는 갈라파고스, 아마존 같이 생태적·유전적 가치가 높은 지역의 생물들의 절멸을 일으킬 것이라고 하는데 남극 또한 그렇다. 남극 고유종들은 온도 상승과 외래종 유입이라는 이중고에 놓여 있다. 고립되고 극한적인 환경에 적응해 온 순진한 남극 생물들은 온난 열대 해양 지역의 '약탈자'들이 몰려오면 무방비로 노출될 수밖에 없다. 독특한 진화 과정을 거치면서 남극 생태계의 근간을 이루고 있는 남극 생물들의 다양성과 특이 신종들의 확보가 시급하다.

우리나라는 전 세계에서 생물다양성 연구에 있어서 후발 주자이나 남극에서만큼은 11종(요각류 4종, 섬모충류 7종)의 신종 무척추동물들을 최초로 발굴하였고 다수의 신종 후보 종(완보동물 1종, 다모류 다수, 요각류 다수)을 확보함으로써 남극 생물다양성 보전과 발견에 앞장서고 있다. 이들은 북극곰, 펭귄, 눈표범처럼 죽어서 남길 가죽도 없다. 있었는지도 모른 채 멸종 중인 남극 생물들을 인류에 소개하고 이들에 대한 대중적 관심을 이끄는 노력이 필요하다.

유일무이한 존재
신종을 발견하다

　처음 보는 생물을 발견했을 때 신종인지 어떻게 알까? 이런 일들을 하는 사람이 있는데, 바로 분류학자다. 어릴 때 누구네 집 아들이 파리 이름을 지어 박사 학위를 받았다는 이야기를 듣고 '똥파리 박사'라며 웃었는데 지금 생각해 보니 파리목을 전공한 분류학자였던 모양이다. 분류란 생물 간 유사점과 차이점을 최대한 나열하고 일일이 비교해서 한 이름(종명)으로 묶는 일이다. 그 중 튀는 차이점들이 더 있으면 단순한 변이인지 진짜 그 종만의 모양(분류학적 형질)인지 결정한 뒤 고심 끝에 작명가처럼 새로운 이름을 지어 준다(명명한다). 남극 신종 중에는 '남극대륙'이라는 뜻의 *antarctica*, *antarcticus*라 불리는 생물이 많다. 우리 팀이 처음 발견하고 이름 붙인 원생생물의 종소명도 *antarcticus*이다(160쪽 신종논문 참고).

　2012년 남극대구(우리가 먹는 생선 대구와는 친척뻘도 안 되게 멀지만 생김새가 닮아서 '대구'라 부른다) 연구팀과 조디악을 타고 세종기지 앞바다에 나갔다. 남극 생물들이 낚싯대를 던지는 대로 순진하게 족족 물고 나와 연구팀은 신이 났다. 반면 나와 모 박사 한 분은 출렁이는 고무보트에서 심한 멀미가 나 보트 바닥에 드러누웠다. 보다 못한 해상 안전 대원이 가까운 해변에 우리 둘을 떨궈 놓고 갔다. 해변에 내리자마자 드러누워 기절하듯 잔 것 같다. 나중에 일어났는데 둘 다 초면에

남극대구

민망한 상황이라 나는 괜히 옆에 있는 채집 네트를 들고 해변을 어슬렁 거리며 갯바위 틈에서 열심히 채집하는 시늉을 했다. 그런데 아무 기대 없이 한국으로 운반해 온 이 채집물에 바로 남극 신종이 들어 있었다. 운이 좋았던 것도 있지만 그보다는 남극에는 아직도 연구되지 않은 미지의 종이 많다는 걸 의미하는 것이리라. 그 후에도 토양, 담수, 해수에 서 여러 신종을 발견하고 세종기지와 장보고기지 이름을 따 '세종엔시 스', '장보고엔시스' 등으로 이름 붙여 학계에 보고했다. 사실 생물들 입

음, 오늘은 저기에서 채집해야지.

1 남극대구 낚시
2 이 정도 눈발엔 채집하러 나가도 된다.
3 얼음이 깨지지 않게 조심하며 채집하는 모습
4 죽죽 미끄러지는 화산재라 빠질까 아슬아슬했던 디셉션섬의 호수
5 채집할 자리를 보고 있다.

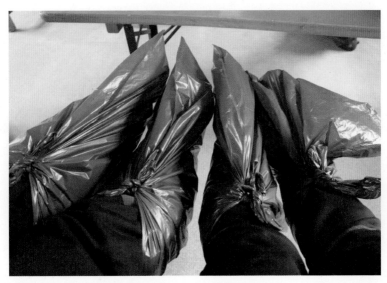
발이 너무 시려 열 손실을 줄여 보고자 신발 위에 덧신은 비닐봉지

장에서는 이렇게 말하고 싶을지도 모르겠다. "이름도 부르지 마, 제발 우리 그냥(자연 그대로) 내버려 둬."

펭귄보호구역 해변, 움푹한 돌에 고인 해수에 몸길이가 1~2mm인 신종 요각류가 산다. 한양대 연구팀이 세종기지 이름을 따 티그리오푸스 킹세종엔시스(*Tigriopus kingsejongensis*)라고 보고했다. 남극 생물들은 키우기가 힘든데 이 종은 다행히 5년째 연구소에서 잘 크고 있다. 그런데 사는 물웅덩이가 크지도 않다. 만조에 파도가 들이치면 물이 한 번에 쓸려 나갈 정도다. 간조에는 증발로 물이 쑥 줄고 수온도 뜨뜻미지근해진다. 정말 변화무쌍한 환경에 산다.

제일 궁금한 건 '어떻게 겨울을 나느냐'이다. 해안 전체가 온통 눈으로 덮이는데 꽁꽁 얼어붙은 그 웅덩이에서 어떻게 살아남을까? 몇 가지

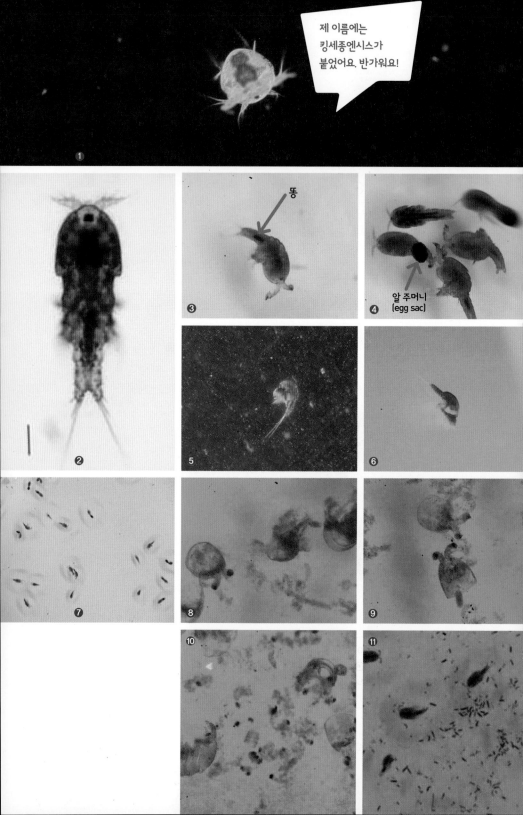

제 이름에는
킹세종엔시스가
붙었어요. 반가워요!

똥

알 주머니
(egg sac)

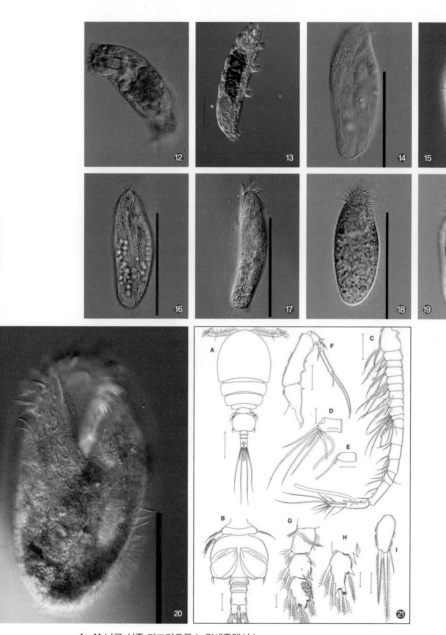

1~11 남극 신종 티그리오푸스 킹세종엔시스
5~6 커다란 수컷이 어린 암컷을 며칠씩 붙들고 짝짓기를 기다린다.
8~10 탈피 후 남은 껍데기
11 바닥에 떨어진 배설물들은 잘 먹고 잘 크고 있다는 중요한 배양 지표이다.
12 *Adineta* sp. **13** *Actuncus antarcticus* **14** *Pseudonotohymena* **15** *Urosomoida
sejongensis* **16** *Metaurostylopsis antarctica* **17** *Anteholosticha rectangula*
18 *Paraholosticha muscicola* **19** *Keronopsis helluo* **20** *Neokeronopsis asiatica*
21 남극 해면에서 찾아낸 신종 기생성 요각류 *Asterocheres spinosus* sp. nov.

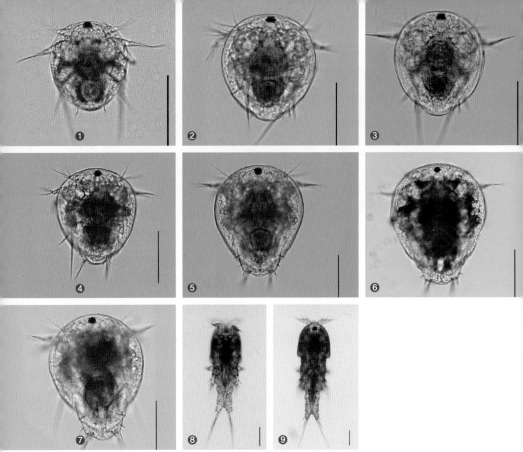

1~7 찐빵처럼 생긴 티그리오푸스 킹세종엔시스의 유생. 꼬리가 조금씩 자라는
모습을 확인할 수 있다.
8~9 티그리오푸스 킹세종엔시스 성체

전략을 발견했다. 첫째, 노플리우스(유생 단계)일 때 다른 친척 종들은
헤엄을 치는 반면, 킹세종엔시스는 절대 헤엄치지 않고 바닥에 붙어 다
닌다(공처럼 바닥에서 발발거리며 돌아다니는 모습이 귀엽다). 해부학
적으로 강모(setae)라는 부속지가 몇 개 더 있는데 쓸려 나가지 않기 위
해 바닥에 붙는 힘을 강화하도록 진화한 것 같다. 둘째, 유전정보(Ge-
nom, 게놈)를 분석해 보니 트레할로오스(Trehalose)라는 단당류를 만
드는 유전자가 많다. 트레할로오스는 아프리카깔따구(*Polypedilum*

티그리오푸스 킹세종엔시스가 사는 조간대의 웅덩이

vanderplanki)라는 곤충의 애벌레가 아프리카의 건기 때 체내 수분이 8%로 떨어질 만큼 바짝 말라도 살 수 있게 해 주는 물질로 유명하다. 또한 단당류는 부동액 역할도 해서 동결 방지 기능도 있다. 킹세종엔시스는 여기에 불포화지방산 함량까지 높으니 건조와 동결에 강한 여러 대비를 한 것 같다.

　킹세종엔시스를 포함한 일부 요각류는 수컷이 양 더듬이로 어린 암컷의 등을 붙들고 다닌다. 노플리우스부터 성체가 되기까지 탈피를 10번 정도 하는데 덜 자란 어린 암컷은 붙들린 채로 탈피도 한다. 민며

1~3 바닷속에서 건진 타이어에 붙어 있는 생물 채집 중

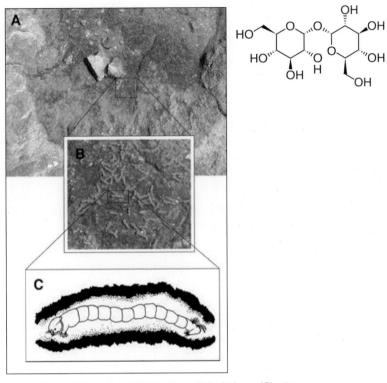

티그리오푸스 킹세종엔시스가 추위를 버틸 수 있게 해주는 트레할로오스

느리인 셈이다. 가끔 어린 암컷이 죽었는데도 끌고 다니는 걸 보면 순전히 인간의 관점으로 콱 쥐어박고 싶은 마음이 들 때도 있다. 하지만 망망한 바다에서 짝을 잡고 있기 위해 수컷이 앞 더듬이에 강력한 접착 물질까지 만들어 낸 진화적 전략에 박수를 쳐 줘야 마땅할 것이다.

남극에도 난민이 들어온다

2016년 세종기지 근처 해변에서 따개비(*Lepas australis*)를 발견했다. 사실 이 지역에서는 따개비가 매우 귀하다. 남극 바다 전체에 따개비가 몇 종 살지 않는다. 그런데 껍데기만 있는 게 아니라 해조류 밑 둥치에 붙어서 살아 있기까지 한 생생한 따개비를 기지 앞 바닷가에서 주워 연구 논문도 냈다.

남극은 차디찬 남극 순환류가 주위를 뱅뱅 돌고 있는 고립된 대륙이다. 따뜻한 바다에 사는 생물은 그 찬물을 건너기 힘들다. 그런데 순환류를 건너는 '뗏목'이 있다. 바로 거대 해조류이다. 남미, 아프리카, 호주 앞바다에서 뽑혀 해류를 타고 빙빙 돌다가 더러는 남극 해안으로 밀려들어 온다. 그런데 이 해조류에 붙어서 여행하는 생물이 제법 있다. 어떤 생물은 유생일 때 올라타서 몇 달 항해하다 보면 쑥쑥 자라 탈피를 하고 성체가 된다. 다른 생물은 고래나 물개 털에 무임승차한다. 조개, 따개비가 잔뜩 붙은 고래는 무거워 보일 지경이다. 따개비도 남미 어느 바다의 해조류 밑둥에 잘 붙어서 살다가 심한 파도 등에 의해 둥지째 뜯겨 해류를 타고 돌고 돌아 세종기지 해변에 밀려온 것 같다. 하지만 아직 정착한 따개비 '선배'가 거의 없거나 드물게 있는 것으로 보면, 남극에 들어온 외래종들은 결국 찬 바다에서 얼어 죽을 것이다. 그러나 현재처럼 남극 해수 온도가 상승하다 보면 이런 난민들이 살아남을 확률도 증가할 것이다.

1 남극 주변 대륙을 자유롭게 이동하는 물개(*Arctocephalus tropicalis*)의 털에 붙어 있는 남극따개비
2 세종기지 앞 해변으로 떠내려 온 해조류 줄기 속에서 발견한 남극따개비

남극에는 게도 없었다. 3,500만 년 전에 남극 기온이 급격히 떨어지면서 대부분의 열대성 해양 생물은 멸종하였으며 게도 1,400만 년 전에 사라졌다. 그런데 남극 심층수가 얇아지면서 미국 파머기지가 있는 서남극 파머 심해(Palmer Deep)의 수심 1,000m에서 킹크랩(*Neolithodes yaldwyni*)이 대규모로 발견되었다(Smith et al., 2011). 킹크랩은 섭식 방법이 무자비해서 '바다의 포식자(crushing predator)'로 불리며 닥치는 대로 해양 생물을 먹고 산다. 연구자들의 계산으로 현재 킹크

1~2 배를 타고 남극으로 들어오는 사람들
3~4 남극 땅에 첫발을 딛기 전 신발을 소독한다. 신발은 외래종들이 제일 좋아하는
무임승차 수단이다.
5~7 남미, 아프리카, 호주 앞바다에서 뽑혀 해류를 타고 빙빙 돌다가 남극 해안으로
밀려 들어온 해조류들

남극은 차디찬 남극 순환류가 주위를
뱅뱅 돌고 있는 고립된 대륙이다. 따듯한 바다에 사는
생물들은 그 찬물을 건너기 힘들다.

랩이 서식할 수 있는 온도는 1.4℃ 이상이다. 따라서 수온이 낮은 수심 850m 이하에서는 살 수 없다. 하지만 파머 심해가 1982년 1.2℃에서 2010년 1.47℃로 상승한 속도로 봐서는 10년 내에 마지노선인 수심 850m 장벽도 뚫릴 것으로 예상되고 있다. 수심 430~725m 사이의 우점종은 극피동물인데, 이들이 씨가 마를 정도로 잡아먹힐 일은 시간문제이다(극피동물의 반이 남극 고유종이라는 걸 기억하자).

생물 수가 늘면 좋지 않냐고? 황소개구리, 배스, 뉴트리아 등의 예를 잘 생각해 보면 답을 알 수 있다. 똑같은 일이 남극에서 벌어지면 정말 대책이 없다.

외래종이 남극에서
적응하면 어떤 일이
일어날지 두려워요.

낙동강의 끈벌레가 남극에도 있다

　길게, 다리도 없이 정말 길게만 생긴 생물이 있다. 뱀, 지렁이, 기생충, 끈벌레 등이 그렇다. 뱀은 파충류, 지렁이는 환형동물문, 기생충은 편형동물문이며, 끈벌레는 유형동물문에 속한다. 분류학에서 문(phylum)이 다르다는 것은 문어와 개만큼이나 다르다는 말이다. 그래도 나름 구분해서(내 눈엔 참 비슷하지만) 유형(ribbon worm), 편형(flat worm), 선형(round worm), 환형(tube worm)으로 불린다.

　남극에도 끈벌레(*Parborlasia corrugatus*)가 있다. 무려 2m가 넘는 몸길이에, 몸 색깔도 분홍, 노랑, 하양 등 다양하고 이쁘다. 보통은 진흙 바닥에 흔적도 없이 숨어 있다. 참 순진하게 생긴 녀석이 사냥할 때는 작살 같은 가시가 있는 주둥이로 빠르게 반복적으로 먹이를 찔러 잡는다. 해면, 불가사리, 녹조류, 갯지렁이, 조개 등 닥치는 대로 잡아 고무공처럼 둘둘 말아서 먹는다. 이들이 분비하는 산성 점액은 잠수복을 뚫을 수 있을 만큼 강력하다. 일부 끈벌레들은 강력한 복어독인 테트로도톡신(tetrodotoxin)을 분비한다고 한다. 이 해양 생물은 특별한 호흡기관 없이 몸 표면으로 산소를 확산해서 호흡한다. 연구에 따르면 바닷물의 산소농도를 나타내는 pO_2가 120mmHg로 줄면 둥글둥글 통통하던 몸이 길어지고 극단적으로 납작해져 산소가 닿는 표면적을 늘린다고 한다(Davison & Franklin, 2002). 전 세계에서 가장 빨리 따뜻해지고 있

참 순진하게 생긴 녀석이 사냥할 때는
작살 같은 가시가 있는 주둥이로
빠르게 반복적으로 먹이를 찔러 잡는다.

1 끈벌레는 1m 이상 길게 몸을 늘일 수 있다.
2 끈벌레의 입
3 마리안 소만 빙벽 아래의 끈벌레
4 장보고기지 모래펄 바닥의 끈벌레
5 어린 끈벌레(세종기지)
6 마리안 소만의 해저 생태와 끈벌레
7 끈벌레의 머리(왼쪽)와 몸통

이 끈벌레 친구들은
산소가 줄면 몸을
납작하게 만들어요.

1 이동 중인 끈벌레
2 해조류에 뒤엉킨 끈벌레들

는 서남극 바다에서 올라간 수온 때문에 산소농도가 줄어들면 끈벌레가 '납작벌레'로 이름을 바꿔야 할지도 모르겠다.

참고로 북극곰의 털과 얼룩말의 줄무늬도 긴 환경 적응 끝에 만들어진 외양이다. 북극곰의 털은 보기와는 달리 크림색이 아니다. 털끼리 밀집하면 빛을 산란하므로 하얗게 보일 뿐, 실은 속이 텅 빈, 얇은 투명 빨대처럼 생겼다. 추운 북극에서는 빛을 반사하는 흰색의 털보다는 햇볕을 잘 흡수하는 투명한 털이 더 유리하다. 이 텅 빈 털 속에 녹조류가 서식해서 녹색곰으로 보이는 한 동물원의 북극곰이 보고된 적도 있다 (Lewin & Robinson, 1979).

피부로 숨을 쉬고,
독성으로 잠수복을
뚫는 생물이 지구상에
있다니 상상 초월이죠?

빙하가 들려주는 오케스트라 연주

    12월, 남극에서는 초여름이다. 해변에는 빙하가 각얼음처럼 밀려와 쌓여 있다. 남극 어딘가에서 떨어져 나와 부서지면서 흘러 흘러 종국에 세종기지 해변에 정착한, 적게는 몇만 년부터 길게는 가늠할 수도 없는 세월에 이르기까지 꽁꽁 얼어 있던 빙하들이다. 눈이 켜켜이 쌓이면서 압축되어 빙하가 되었고, 그래서 그 속에 고대의 공기가 갇혀 있다는 것은 잘 알려진 사실이다. 그런데 현재 그 빙하들이 바닷물에 속절없이 녹으면서 압축된 공기를 토해 낸다. "탁탁탁탁탁!!!" 사방에서 공기가 터져 나오면서 해변 전체에 메아리처럼 울린다. 파도가 잔잔한 날에 들으면, 작은 새 수백 마리가 일제히 지저귀는 소리 같다. 살짝 바람 소리가 섞이면 경쾌한 관악기를 두드리는 소리처럼 들린다. 볕이 좋은 날에는 얼음에 박힌 공기방울들이 서로 다른 각도로 반짝여 마치 작은 백색 불꽃이 사방에서 터져 오르는 모습 같은 착각이 든다. 아름다운 오케스트라를 들으며 덤으로 몇 십만 년 전 공기를 마시는 호사를 누린다.

    빙하들은 건져서 일년 내내 기지 앞마당에 놓

빙하의 오케스트라 연주라니, 낭만적이네요!

귀를 잘 기울이면 그 어디에서도 들은 적 없는 노래가 들릴 거예요.

1 영화 「겨울왕국」의 궁전 같은 빙하
2~4 해변에 밀려와 쌓인 얼음들. 녹을 때 공기가 빠져 나오면서 "탁탁탁!!" 소리가 난다.
5~6 해변가에서 만난 펭귄들

1 빙하 의자
2 붕어빵 모양 빙하
3 낭만 가득 이글루
4 고래 등뼈 모양 빙하
5 남극 해변에서 발견한 '사랑꾼' 돌멩이
6 무서운 남극도둑갈매기를 찍어 보겠다는 욕심에 벌벌 떨며 한 컷

제1부 이름도 성도 몰랐던 무척추동물 친구들

고 수시로 깨서 팥빙수도 만들어 먹고 칵테일에 넣어 마시기도 했다. 신기해서 먹어 보기도 하고 사진도 찍었다. 그런데 처음 경험하는 사람 아니면 이젠 잘 안 먹는다. 컵 바닥에 가라앉은 검은 입자들을 봤기 때문이다. 정수기에서 받은 물로 냉장고에서 얼린 얼음이 아닌 이상 공기와 함께 흙, 미네랄, 공기 중에 날리는 입자들도 함께 갇힌 걸 잘 알고 있음에도 왠지 배신당한 기분이 든다. 왜일까?

남극에서 꽁꽁 어는 건 물만이 아니다. 월동대의 차수가 바뀌면 세종기지 주방장도 바뀌는데, 도시락 메뉴는 변하지 않는다. 바로 주먹밥이다. 한편 장보고기지의 도시락은 샌드위치인데, 이유는 기온이 더 낮아 주먹밥이 돌덩이처럼 얼기 때문이다. 기지 환경에 따라 더 오랫동안 연구하는 분야가 있다. 장보고기지에는 멀리 나가 며칠씩 야영을 하는 지구물리 탐사팀이 많은 반면 세종기지에는 아침에 나가 저녁에 돌아오는 생물팀이 많다. 그러다 보니 세종기지 식당 조리대 앞에는 도시락 신청 종이가 붙어 있다. 매일 아침 주방장이 신청 인원수를 확인하고 작은 주먹밥을 만든다. 때로는 잘게 썬 소시지와 김 가루로, 때로는 깨와 김 가루만 넣고 참기름을 넉넉히 둘러 만든 주먹밥을 비닐봉지에 담아 조리대 앞에 놓는다. 그럼 연구자들은 무전기와 주먹밥, 컵라면을 챙겨 나간다. 컵라면을 싫어하는 사람도 예외 없이 들고 나가는데 이유는 뜨거운 국물 때문이다. 점심 때쯤 배낭에서 꺼낸 주먹밥은 이미 남극 공기만큼 차가워져서 한입 두입 먹다 보면 체온으로 다 데우지 못한 냉기가 뱃속부터 올라온다. 그래서 보온병에 담아 온 뜨거운 물로 혹은 컵라면 국물로 한 모금씩 적셔 가며 먹는데 그 맛이 꿀맛이다. 그러다 보니 한 달 이상 오래 머물다 보면 일 년치 먹을 라면을 다 먹은 셈이 되어 귀국 후

1 주먹밥을 만드는 32차 세종기지의 셰프
2~4 남극에서 먹는 주먹밥과 라면
5 표정은 심각하지만 라면은 '꿀맛'인
조디악 위에서의 식사
6 빙하로 만든 팥빙수
7 빙하는 거들 뿐, 빙하 위스키
8~9 맥주 캔을 눈으로 덮어 두면 시원하게
즐길 수 있다.

잊을 수 없는 맛이
되겠죠?

인간들이 좋아하는
음식이란 저런 건가요?

펭귄마을 대피소

에는 한동안 라면 생각이 안 난다. 그런데 이 꿀맛 같은 컵라면에도 한 가지 단점이 있다. 남극에서는 모든 쓰레기가 금지라는 것이다. 라면 국물도 마찬가지인데, 국물 한 방울도 땅에 버릴 수가 없다. 그래서 부담스러워도 다 마셔야 한다. 그리고 오후 야외 활동 내내 화장실 생각이 안 나길 바라며 전전긍긍하게 된다. 나는 다행히도(아직까지는) 남극에만 가면 아침 9시부터 저녁에 기지로 복귀하기 전까지 화장실을 참을 수 있는 초능력이 생긴다. 물론 남자들은 다른 상황이지만….

"탁탁탁탁탁!!!" 사방에서 공기가 터져 나오면서
해변 전체에 메아리처럼 울린다.

잠수가 왜 필요한가?

낚시나 골프를 시작하면 장비부터 사는 사람이 있다. 바퀴 하나가 더 달리지도 않았는데 수천만 원짜리 자전거가 있다는 걸, 자전거 접촉 사고에 대비해야 한다는 자동차 보험 설명으로 알았다. 연구에도 '장비빨'이 있다. 예전에는 생물학 연구실에서 피펫(화가는 붓, 군인은 총, 연구원은 피펫!)으로 실험을 잘해 결과를 잘 내는 연구원들은 손이 좋다고 교수님과 선배님들이 예뻐했다. 요즘엔 요리 초보들을 위한 간편 반조리 식품들처럼 정해진 시약을 정해진 시간 동안 처리해 결과를 얻도록 개량된 실험 키트 덕분에 웬만한 실험은 초보 대학원생도 초기 진입이 쉽고 예전만큼 정교한 '손맛' 차이가 덜하다(물론 좋은 성과를 내기 위한 고난이도 기술은 따로 있다).

바다에서 하는 일도 그렇다. 많은 회사가 위험한 일을 대체하기 위한 장비를 개발하고 있다. 원격무인잠수정(Remotely Operated Vehicle, ROV)이라는 카메라 달린 장비를 수심 몇백 미터, 몇천 미터 속에 넣고, 배 위에서 로봇 팔을 조종하는 기술자에게 화면에 보이는 심해 생물들을 가리키며 잡아 달라고 하면 능숙하게 잡아 그물에 넣어 올려 준다. 연구소 해양팀과 공동 연구 중인 미국 로커스 대학에는 물속에 던져 놓으면 몇 개월 동안 돌아다니며 해양 환경 자료를 기록해서 돌아오는 '글레이터'라는 장비도 있다. 또한 바닷속에 전원 장치를 연결해서 정해진 날짜가 되면 자동으로 날아가고 촬영 후 돌아와 충전도 자동으로 하는

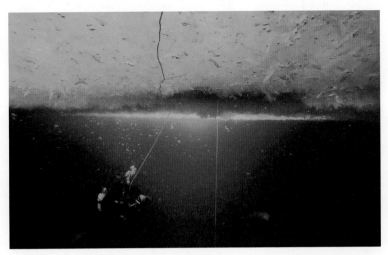
지상으로 나가는 얼음 구멍을 두고 해표와 대치 중

수중 드론도 있다.

잠수 활동을 설명할 때마다 자주 듣는 질문이 '이런 장비들을 쓰면 되지 않느냐'는 것이다. 첨단 장비가 많은데 아직도 사람이 직접 들어가는 고전 방법을 고수하냐는 말이다. 연구 목적에 따라 맞는 말일 수도 있다. 적은 노력으로 넓은 지역의 정보를 얻을 수 있고 잃어버릴지언정 인명이 왔다 갔다 하지는 않으니까.

나는 그럴 때마다 수중 탐사를 인구주택총조사(Census)에 빗대어 설명하려고 노력한다. 대부분의 국가는 주기적으로 인구주택총조사를 실시한다. 미국은 10년, 우리나라는 5년마다 행정 자료 기반의 전수조사와 함께 전국 가구 20%를 대상으로 한 표본조사(인터넷 조사와 방문 조사)를 실시한다. 얻어진 정보는 향후 인구 변화 예측이나 주택 시장, 전력 공급량, 심지어는 관광 개발 등과 관련된 정책 수립에 활용할

1 원격무인잠수정
2 바닷속에서 얼어붙은 탱크 호흡 밸브
3 얼어붙은 장비
4 가끔은 해변에서 걸어 들어간다.
5 영하 1.8℃의 남극 해수에 오래 버티기 시합 중인데 30초를 넘기기 힘들다.
6~7 얼음 구멍을 뚫어서 그 속으로 다이빙한다.

남극 바닷물에서 맨손으로 버티기는 30초도 힘들답니다.

2016/
⑤

⑥

⑦

89

만큼 중요하다. 해양 생물들은 해양 생태계의 구성원이다. 돌 틈에, 진흙 속에, 해초 더미 속에 숨어 있는 생물들을 가가호호 찾아내 정보를 얻어야 환경 정책을 세울 수 있으며, 그 정보를 통해 어획량 전망 등을 정확히 알 수 있다. 아직은 ROV나 자율주행장치(Autonomously Operated Vehicles, AOV) 같은 장비들로 대체하기엔 남극 연안 생물들에 대한 정보가 턱없이 부족한 초창기이기 때문이다. 물론 있으면 쓴다. 장비 값도 억대고 매년 유지·보수비도 몇천 만원이 들 테지만….

남극 연구를 오래 해 온 국가들은 잠수 연구팀이 있다. 그 중 내가 직·간접적으로 같이 연구하는 나라들은 뉴질랜드, 미국, 이탈리아, 영국이다. 2016년에 뉴질랜드 연구팀과 우리 팀이 남극 로스 해에 있는 케이프 에번스(Cape Evans)에서 첫 현장 공동 잠수 탐사를 했다. 남극에서 해빙 밑 잠수를 하려면 경력과 실력은 기본이고 담력도 필요하다. 뉴질랜드의 잠수 책임자 로드(Rod)가 제일 먼저 우리 팀에 있는 ㈜인더씨의 김사홍 박사에게 들어가자고 제안했다. 우리 팀은 '테스트구나!' 하고 알아챘다. 뉴질랜드의 국립수자원대기연구소(National Institute of Water and Atmospheric Research, NIWA) 소속인 잠수팀은 기관에 소속된 몇십 년 경력의 남극 전문 탐사팀이다 보니 우리가 걱정되었나 보다. 게다가 뉴질랜드 잠수 연구자 네 명 모두 키가 2m에 가까워 체격으로도 우리를 압도했다.

첫 다이빙이라 지형만 파악하고 금방 나올 줄 알았더니 한 30분이 다 되어 나왔다. 다들 궁금한 얼굴로 로드를 쳐다보니 자기 팀에만 보이게 슬쩍 엄지를 들어 올렸다. Good! 당연하지. 우리 팀은 제주도, 독도, 울릉도 등 굵직굵직한 해양 생태계 종합 조사를 수년째 수행했고 학술

NIWA 소속 잠수팀과 함께 찍은 사진

잠수 조사 경력도 30년이 넘는 우리나라 최고의 학술 잠수팀이라 자부한다. 간 볼 것도 없이 바로 현장 업무에 투입되어 일을 하느라 늦게 나온 거였다.

남극 해수 온도는 거의 영하 2℃다. 들어가자마자 신체 말단이 얼음으로 된 송곳으로 찌르는 듯 고통스럽다. 그 추운 바닷속 얼음 밑에서 해양 생물을 촬영하고 퇴적물을 채집하고 바이오로거(biologger, 수온, 염분도, 엽록소의 양 등을 일년 내내 관측하는 장치)를 설치하고 환경 자료를 수집하다 보면 잠수 40분은 기본이다. 조사를 마치면 호흡기가 얼어붙은 채 나온다. 가끔 다이빙 수트에 물이 샐 때도 있다. 그래도 일을 마치고 나온다. 이 정도는 돼야 남극 '씨벤저스'지! 우리가 이렇게 조사하고 촬영한 생물들을 이 책을 통해 소개하게 되어 기쁘게 생각한다.

제2부

차디찬 물속도
천국으로 만드는
무척추동물들

김사흥

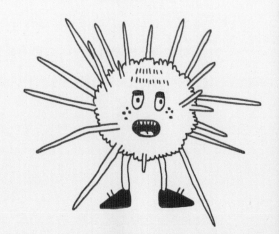

남극은 물 밖이나
물 속이나 인간이 살기
힘든 곳이죠.

남극에서의 물질
그 날카로운 첫 경험

수중 세계는 사람이 살 수 없는 공간이다. 남극 대륙도 사람이 자립할 수 있는 공간이 아니다. 그런데도 사람들은 여러 방법으로 물속에서 활동하고 남극에도 간다. 특히 남극 바다는 아주 차다. 여름에는 수온이 높아야 2℃ 정도이고 낮으면 얼기 직전인 영하 1.9℃까지 내려간다. 왜 사람들은 이토록 허락되지 않은 세계에 가려고 할까? 우리 세상이 아닌 곳에 대한 경이 때문일까? 궁금한 것을 참지 못하는 호모 사피엔스의 천성 때문일까? 어찌 되었든 많은 다이버가 남극 바다 속에서 활동한다.

우리가 처음 남극세종기지에서 수중 연구를 시작한 시기는 2016년 1월이었다. 물론 우리 팀의 이종락 박사는 과거 대학원 시절 하계 대원으로 두 번이나 세종기지를 방문한 적이 있었지만 다른 팀원들은 남극이 처음이었다. 그래도 물질을 해 온 이력이 만만치 않고 또 한국에서는 겨울철 호수에서 아이스 다이빙을 제법 했었기 때문에 평상시 국내 출장보다 어렵다는 생각은 하지 않았다. 그러나 그것이 얼마나 어리석은 자신감이었는지를 깨닫는 데는 그리 오랜 시간이 걸리지 않았다.

물속에서 활동하려면 잠수복을 입어야 하는데 우리 팀은 조사 후 신속한 표본 처리와 연구 활동을 위해 항상 물이 들어오지 않는 건식 잠수복을 입는다. 우스갯소리지만 우리가 쓰는 잠수복을 만든 회사는 핀란드의 'SANTI' 사인데 이걸 우리 발음으로 '싼티'라고 한다. 핀란드 사람

들이 '싼티'라는 한국말을 알 리 없었을 텐데도 어감이 좀 그렇다. 아무
튼 결전의 날이 밝았고 우리는 야심 차게 준비한 '값비싼' 싼티 사의 내
피와 방수 수트를 챙겨 입고 장비 착용대에 걸터앉았다. 머리에 후드를
쓰기 위해서인데, 후드를 쓰던 세 사람 모두 낑낑대면서 인상이 심하게
일그러졌다. 마치 만화 영화「톰과 제리」에서, 제리의 장난으로 머리에
깡통이 낀 톰처럼 말이다. 원인은 추운 날씨 때문에 네오프렌 소재의 후
드가 탄력을 잃어 머리에 들어가지 않았기 때문이다. 후드를 쓸 때는 일
단 후드 아래의 목 부분을 조금 접어서 머리에 쓴 뒤, 후드를 힘껏 잡아

후드 하나 쓰기도
쉽지 않네요.

1~4 네오프렌 소재의 후드를 쓰는 모습

1 꽉 끼는 후드와 두껍고 둔한 장갑 때문에 인상이 찌푸려진 이종락 박사(오른쪽)
2 절대 싸지 않은 싼티(SANTI) 드라이수트를 입고 장비를 착용하는 모습
3 우리는 수중 조사 때 언제나 100% 산소가 들어 있는 감압용 탱크를 별도로 착용한다.
4 입수를 위해 해안에서 걸어 들어가는 수중 생태팀 연구원들
5 수중 조사 연구팀(오른쪽부터 시계 방향으로 이종락 박사, 김현진 과장, 고영욱 박사, 나,
김학철 이사)
6 세종기지 고무보트 뒤쪽에는 항상 태극기가 걸려 있다. 조사할 때 보트에 달린 태극기를
보면 나도 모르게 뿌듯해질 때가 있다.

당겨 머리에 쓴다. 밖으로 나온 머리카락을 정리하고 얼굴과 턱이 편해지도록 다시 한번 후드를 정리한다. 가까스로 후드를 쓰고 나니 이제는 사정없이 턱이 조여 와 고개를 돌리기조차 어려웠다. 겨우 다시 벗어 따뜻한 물에 담갔다가 쓴 후에야 조금 여유를 찾을 수 있었다. 다음 난관은 장갑을 끼는 일이었다. 장갑도 잠수복처럼 내피 장갑과 방수 장갑 두 개를 낀다. 보온력 좋은 적당한 두께의 장갑을 먼저 끼고 그 위에 방수 장갑을 끼는데 잠수복에 달린 링과 방수 장갑의 링을 맞물려 잠그면 물이 새지 않는다. 어쩌다 실오라기 하나라도 링 사이에 끼이면 여지없이 물이 새어 들어오는데, 손목이 찬물에 젖는 느낌은 마치 지네 여러 마리가 손목을 기어 다니는 것처럼 복잡한 느낌이다.

부두 앞 해안은 얼지 않았지만 바람이 부두 쪽으로 불어와서 크고 작은 얼음이 마치 슬러시처럼 모여 있었고 그것이 너울에 서로 부딪치며 제법 텃세를 부리고 있었다. 두꺼운 내피와 조여 오는 후드 때문에 몸은 많이 불편했지만 별 탈 없이 장비를 메고 서서히 해안으로 걸어 들어갔다. 방수 수트 때문에 아직 남극의 물이 얼마나 차가운지는 알 수 없었다. 수심이 허벅지를 넘어서자 입수를 위해 몸을 굽히면서 '이 정도면 큰 어려움 없겠는걸?' 하고 잠시 안도한 후 머리를 물에 담갔다. 그 순간 '아! 이게 아닌데…' 하는 생각이 들었던 것도 잠시, 가리지 않은 볼과 입술에 얼음으로 문지르는 듯 극도의 차가움이 전해졌다. '흡' 하고 놀라 숨을 멈추는 순간 다시 후드를 타고 정수리로 스며든 한 줄기 바닷물이 송곳으로 찌르는 것 같은 통증을 전했다. 그 순간 머리와 몸이 각각 다른 본능을 보이기 시작했다. '조사고 뭐고 다시 나갈까? 더 견딜 수 있을까?' 하는 생존 본능으로 머리는 갈등하고 있는데 발은 경험 본능

'조사고 뭐고 다시 나갈까? 더 견딜 수 있을까?'
하는 생존 본능으로 머리는 갈등하고 있는데
발은 경험 본능으로 어느새 살랑살랑 핀을 차고 있었다.

남극은 물 밖이나 물속이나 인간이 살기 힘든 곳이죠.

1 세종기지 앞에는 바람에 따라 밀려온 얼음 때문에 수중 조사에 어려움이 많다.
2 부두 앞 해안에 나타난 젠투펭귄. '잠수 중인 우리를 우습게 보지는 않을까?' 하는 생각이 든다.

으로 어느새 살랑살랑 핀을 차고 있었다. 이렇게 두 본능이 엉켜 가는 사이 우리는 이미 꽤 깊은 수심까지 내려가 있었다. 그제야 정신을 차리고 왼손에 찬 다이빙 게이지로 수심을 확인했다. 수심 20m. 이어서 주변 상황을 확인한 후 함께 들어간 다른 두 사람에게 신호를 보냈다. 내사인을 본 두 사람은 매우 안정적으로 물고기도 반할 만큼 허공에 떠서 오케이 사인을 보내 왔다. 물속에서는 말을 할 수 없기 때문에 수신호로 소통하는데 엄지와 검지를 동그랗게 만들어 내밀거나 팔 한쪽을 머리위로 올려 둥근 모양을 만들어 신호를 보낸다. 동료들의 오케이 사인을 보고 안도의 미소를 지은 후 서서히 더 깊은 수심을 향해 움직였다. 다행히 내 얼굴은 스스로 차가움에 견디는 방법을 알았는지 이후로 더는 차갑다는 생각이 들지 않았다.

조사를 마치고 올라오는 길에 장갑으로 물이 들어와 마지막까지 반전이 있었지만 큰 탈 없이 물 밖으로 나왔다. 그날 우리는 각자가 경험한 일에 대해 특별한 말이 없었고 흔한 무용담을 늘어놓지도 않았다. 다만 동료들도 나와 같이 극한 자연 앞에서 우리가 얼마나 나약한지를 느꼈으리라. 또 자연을 마주하기 위해서는 겸손해질 수밖에 없겠다고 느꼈으리라 짐작한다. 어쨌거나 낯선 풍경에 대한 첫 경험은 소중한 추억으로 간직되었고 우리의 남극 물질은 이렇게 시작되었다.

남극 물속에서 글씨를 쓰다

    남극 수중에서 우리가 수행하는 조사 활동은 아주 다양하다. 간략히 표현하면 '종 다양성과 생태계 군집 구조의 현상과 변화를 연구'하는 것이며, 세부적인 방법은 표본을 채집하거나 사진과 비디오를 촬영하고 그것을 분석하는 것이다. 그 외에 각종 장기(long-term) 관찰용 계측기를 설치하기도 한다. 종 다양성(species diversity) 연구란 대상지역에 얼마나 많은 종(species)이 살고 있는가를 연구하는 것으로 분류학적(taxonomy) 연구를 바탕으로 한다. 즉, 수중에서 표본을 채집하거나 사진을 찍은 후 각 종마다 가지는 특이한 형질(character)을 관찰하고 종을 동정(identification, 생물의 분류학상의 소속이나 명칭을 바르게 정하는 일)한다. 요즘은 생물학이 화학적 수준에서 해석되는 시대이고 생물 분류도 대부분 분자적 동정에 의존하려 하지만 종이 가진 형태와 형질의 패턴을 모르면 깊이 있는 학문을 구사하기 어렵다는 게 나의 의견이다. 이런 견해로 인해 나를 종종 '올드(old)'한 연구자로 여기거나 잠수부로만 보는 시각도 제법 있다. 그래도 가끔은 비인기 종목의 명맥을 이어가는 사명감 있는 사람으로 평가하는 이들도 있는데, 실상은 이런 것과는 거리가 조금 있다. 나는 학문적 소신보다는 자연을 관찰하고 그들의 존재를 파악하는 야외생물학자(field biologist)나 자연주의자(naturalist)가 체질에 맞을 뿐이다. 아마 그것의 '끝판'이 남극이 아닌가 싶다.

이런 나에게는 오래전부터 물속에서 조사지역의 서식 환경과 우점종 분포를 그림으로 그리는 습관이 있다. 16절지 크기의 하얀 플라스틱판에 테이프로 칭칭 감은 HB연필로 글씨를 쓰는데 그렇게 물속에서 찍은 사진과 함께 메모를 해 두면 조사지역의 특성을 분석할 때 많은 도움이 된다. 이런 습관이 쌓여 남다른 재주가 된 것이 하나 있는데, 물속에서 조사했던 위치를 정확히 다시 찾아갈 수 있다는 것이다. 어제 소개받은 사람의 이름은 돌아서면 바로 잊어버리지만, 오랜 습관인 수중 메모 덕분에 한 번 가 본 곳은 대부분 그 위치를 다시 찾아갈 수 있고 10년 전 들어가 봤던 물속 지형도 거의 기억하는 편이다. 보통은 살아가면서 전혀 필요 없는 재주이지만 우리에게는 아주 쓸모 있는 재주이다.

생물 채집을 할 때는 비닐 지퍼 백을 사용한다. 물건을 담아 두는 용도의 지퍼 백을 수중 채집에도 유용하게 쓰다니 처음 이것을 만든 사람은 상상도 못했을 일이다. 수중에서 채집된 생물들을 지퍼 백에 넣은 후 망에 담아 두면 표본이 상하지 않는다. 사진이나 비디오를 찍을 때는 일정 거리를 항상 유지하며 조사선을 따라 영상이 흔들리지 않게 이동해야 하고 이때 오리발을 거북이가 헤엄치듯 좌우로 차면 좋다. 사진은 보통 사각형의 방형구(quadrate)를 놓고 찍을 때도 있고 생물을 종별로 찍을 때도 있는데, 전자는 군집 분석을 위한 촬영이고 후자는 종 다양성을 위한 촬영이다. 이 모든 조사에서 좋은 성과를 얻기 위해서는 다이버의 중성 부력 유지 능력이 매우 중요하다. 우리 연구팀에서 사진 촬영을 담당하는 김학철 이사는 아주 정밀하고 꼼꼼한 사람이다. 물속에서 보면 그 정교함을 단박에 알아볼 수 있는데 한 손으로 카메라를 들어 피사체를 조준하고 다른 손으로는 물고기 앞 지느러미처럼 살랑거리며 정

비닐 지퍼 백은
주방에서뿐 아니라
수중 탐사를 할 때도
유용하답니다.

1 물속에서 플라스틱 메모판에 글씨를 쓰고 있다.

2 비닐 지퍼 백에 표본을 담는 모습

3 피도 정량분석을 위한 방형구(1m×1m) 촬영

4 평탄 지형에서 횡단 선(transect line)을 비디오로 촬영하는 모습

5 셀카로 찍은 내 모습. 나는 물속에서 사진을 찍기 때문에 오히려 내 사진이 거의 없다.

6 조사를 마치고 수심 6m에서 안전 정지(safety stop)를 하여 삼각 대형을 이루는 모습. 우리 연구팀의 오래된 철칙이다.

7 물고기보다 더 멋있게 떠 있는 김학철 이사. 배 아래 카메라가 달려 있다.

8 조사를 마치고 퉁퉁 부은 입술로 출수하는 나. 아마도 찬물에 노출된 얼굴을 보호하기 위해 피가 몰린 것 같다.

세종기지 부두 옆 해안가에 있는 이글루 연구동을 현장 표본 처리실로 사용하고 있다.

교하게 중성 부력을 맞춘다. 또 오리발의 바닥을 위로 올려 수평을 만든 다음 핀을 가볍게 거꾸로 차며 조금씩 뒤로 물러서는데, 나는 간혹 그가 찍은 사진보다 사진을 찍는 그의 모습이 더 감탄스러울 때가 있다. 조사를 마치고 수면 밖으로 나오면 얼굴이 제일 시리다. 젖은 얼굴에 찬바람이 닿으면 말로 표현할 수 없을 만큼 얼굴이 시려 온다. 조사를 마친 다이버에게 수건과 따뜻한 물은 체온을 올리는 데 큰 도움이 되지만 차가운 수온으로 인해 입술이 퉁퉁 부풀어 오르기 때문에 뜨거운

물을 바로 먹으면 델 수 있다. 다이버들은 체온을 올리기보다 표본부터 챙긴다. 그리고 마치 어린아이 다루듯 채집해 온 생물들을 처리하고 따뜻한 물을 한 잔 마신다. 잠수복을 벗고 샤워를 하고 난 후에는 만선으로 돌아와서 여유로운 어부처럼 채집해 온 생물들을 관찰하면서 궁금했던 점들을 하나씩 풀어 간다. 답을 곧장 얻을 때도 있고 접어 둘 때도 있지만 끊임없이 이 일을 반복한다. 오랜 시간과 경험이 필요한 일들이다.

우리 해양 생물들은
채집도 어렵지만 처리도
까다롭답니다.

머나먼 여정이 만든 수중 생태

　바람이 산 쪽에서 불어와서 바다가 제법 잔잔한 편이었다. 큰 빙산들은 산바람에 부두에서 멀리 밀려나 있었고 작은 얼음 조각들만 완만하게 일렁이고 있었다. 평온한 경치에 나도 몰래 기지개를 켜며 크게 심호흡을 했다. 그러다 곧 호흡을 멈추고 손으로 얼굴을 가릴 수밖에 없었다. 코를 찌르는 냄새 때문이었는데, 실은 산 쪽에서 바람이 불면 펭귄마을(세종기지 인근 펭귄이 집단 서식하는 언덕)에서 펭귄 배설물 냄새가 바람을 타고 기지로 넘어와 고약하기 이를 데 없다. 마치 재래식 화장실에 앉아 멋진 경치를 감상하는 기분이랄까? 그래도 펭귄마을 앞 돌섬까지 보트를 타고 갈 수 있어서 모두 기대에 부풀었다. 보트는 미끄러지듯 잔잔한 수면을 가르며 달렸고 바람은 차가웠지만 달리는 속도감으로 짜릿함이 느껴졌다.

　돌섬 앞 바닷속은 수심이 약 15m 정도였고 대형 갈조류들이 높이 자라 숲을 이루고 있었다. 바닥에는 닳아서 매끈해진 돌멩이들이 겹겹이 깔려 있었는데 육지에서 굴러 들어온 돌들이 서로 부딪혀 이렇게 된 것 같다. 돌멩이 표면에는 김삿갓의 삿갓과 꼭 닮은 삿갓조개들이 다닥다닥 붙어 있었고 가재 잡듯 돌멩이를 들면 등이 굽은 옆새우(Amphipoda)들이 놀라 급히 달아났다. 앞으로 약 10m쯤 더 갔을 때 급경사가 나타났기 때문에 경사면 쪽으로 몸을 돌려야 했고 암벽을 따라 서서히 내려갔다. 수심 25m를 넘어서면서 앞이 어두워져 일제히 수중 랜턴을

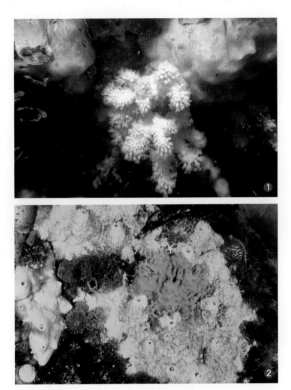

펭귄마을 앞바다에서 볼 수 있는 무척추동물들
1 *Alcyonium antarcticum* **2** *Demospongia* sp.

켰다. 빛을 받은 생물들이 그제야 제 색깔을 냈는데, 빨강, 노랑, 초록의 다양한 해면동물(Porifera)이 암반을 덮고 있었고 나뭇잎처럼 생긴 태형동물(Bryozoa)도 흔히 발견할 수 있었다. 이들 사이로 크기가 30cm도 넘는, 엄청나게 큰 살구색 멍게(*Paramolgula gregaria*)가 군데군데 자리 잡고 있었는데 표면이 매끈하고 몽둥이 모양이었다. 수심 28m를 지날 때쯤 좀처럼 보기 힘든 바다거미(*Colossendeis australis*)와 가는 관극성게(*Ctenocidaris perrieri*)가 눈에 띄었다. 놀라운 점은 수심

펭귄마을 앞바다에서 볼 수 있는 무척추동물들
1 *Colossendeis australis* **2** *Ctenocidaris perrieri* **3** *Nacella concinna*
4 *Paraceradocus gibber* **5** *Paramolgula gregaria* **6** *Polymastia invaginata*
7 *Sphaerotylus antarcticus* **8** *Thouarella antartica* & *Calcaxonia* sp.

30~50m에 산호 군락지가 발달했다는 것이다. 펭귄마을 수중을 산책하는 내내 남극의 수중 생태계가 이렇게 풍성하고 다양하다는 사실에 끊임없이 감탄했고, 정리되지 않은 많은 연구 주제가 머리를 스쳐 갔다.

펭귄마을과 달리 기지 앞 서식 환경은 매우 단순했다. 외부로부터 흘러 들어온 토사와 돌멩이들이 수심 40m 이상까지 영향을 주었다. 서식 구조는 계단상으로 완만하게 경사지는 밋밋한 구조였고 군집 구조나 종 다양성도 단순한 편이었다. 아주 가까운 두 지역 간에 생물 군집 구조가 이처럼 큰 차이를 보이는 이유가 뭘까? 그것이 우리가 알아낼 과제이지만 일차적으로 서식 구조, 즉 암반의 생김새와 경사가 다르기 때문이다. 생물들은 종 또는 개체군(population)별로 서식 특성이 다르기 때문에 고도나 수심에 따라 서식 범위에 차이가 난다. 이와 같이 생물들이 고도나 수심에 따라 층을 이루며 분포하는 현상을 대상 분포(zonation)라고 한다. 대상 분포는 구분이 뚜렷한 경우도 있지만 서로 섞여서 희미한 경우도 있는데 군집 구성의 초기 단계, 즉 훼손된 생태계나 극지 환경 같이 상호 경쟁 관계가 단순한 경우에 뚜렷이 나타나며 주변 환경 변화에 따라 특정한 방향으로 변해 간다. 이와 같은 분포 양상으로 생물들의 변화를 감지할 수 있으며 이것이 세종기지에서 수중 생태계 군집

세종기지 앞바다에서 볼 수 있는 무척추동물들

1 *Arntzia gracilis* 2 *Bovallita gigantea* 3 *Cnemidocarpa verrucosa* 4 *Diplasterias brucei*
5 *Labidiaster radiosus* 6 *Nacella concinna* 7 *Odontaster validus* 8 *Ophionotus victoriae*
9 *Staurocucumis turqueti*

수중 랜턴을 켜니 빛을 받은 생물들이 형형색색
자신만의 색깔을 드러내어 반가웠다.

을 지속적으로 모니터링하는 목적이기도 하다.

그렇다면 우리가 수중 산책 중에 만난 생물들의 운명은 어떻게 될까? 이들 모두 성공적으로 남극 환경에 정착한 무리일 텐데 말이다. 이것을 밝혀내는 일 또한 우리의 몫인데, 우선 그들의 운명은 외부에서 유입되는 담수와 돌멩이가 얼마나 많은가에 따라서 달라질 테고, 큰 암벽을 이루는 구조에서는 빙산이 얼마나 세게 부딪히느냐에 따라 달라질 것이다. 특히 고착성 무척추동물은 유생으로 돌아다니다가 적절한 시기에 바닥에 가라앉아 형태를 바꾸고 암반에 부착하는데 그 여정이 매우 험난하고 그 과정에서 극히 일부만이 살아남는다. 다행히 암반에 붙어서 잘 산다 하더라도 어마어마하게 큰 빙산이 와서 부딪히면 한꺼번에 소멸하고 만다. 그러나 거기서도 살아남은 무리가 있고 또 새롭게 정착을 시도하는 많은 무척추동물 유생이 있다. 결국 우리가 현재 보고 있는 생태계 군집 구조는 생물들이 살아온 머나먼 여정의 결과물이고 현재에도 계속 변하고 있다. 이 한 장의 풍경화는 점점 심화되는 기후변화에 또 어떤 모습으로 변해 갈지 아주 궁금하다.

두 눈 크게 뜨고 남극의 풍경화를 한번 감상해 봐.

해면이 인류를 구원할까?

그리스어로 '스펀지(σπόγγος)'는 해면을 뜻하는데, 그리스 사람들이 바다에서 난 해면을 말려서 목욕을 하거나 청소할 때 썼기 때문에 지금도 이런 폭신폭신한 물건들을 스펀지라고 한다. 이것은 오이를 닮은 식물 수세미가 설거지를 할 때 쓰는 수세미가 된 사연과 같다. 해면동물의 학명은 Porifera로, '구멍'을 뜻하는 pori와 '가지다'는 뜻의 fera가 합쳐진 말이다. 즉, '구멍을 가지다'라는 뜻이며 이름처럼 몸에 크고 작은 구멍이 많다. 해면은 다세포동물이며 느슨한 세포의 집합으로 이루어져 있는데, 몸에 있는 무수한 소공(小孔, pore)으로 물을 빨아들이고 특정 세포에서 영양분을 흡수한 후 대공을 통해 내뿜는다. 이러한 물 흐름 시스템은 매우 빠르게 일어나는데, 주변의 물을 시간당 200L 정도 여과하기 때문에 '바다의 여과기'라는 별명이 있다. 조사를 진행하면서 해면이 수중 생태계의 우점종이라는 사실에 매우 놀랐다. 이번 시즌에 확인한 해면은 약 30종

물 흐름

대공

소공

물 흐름

해면 구조와 물 순환 모식도

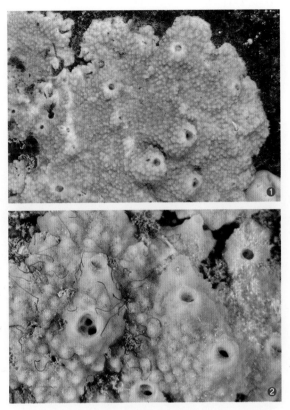

1~2 남극의 깃해면류 중 *Mycale acerata*(위)와 우리나라 깃해면 (*Mycale adhaerens*)(아래)은 구분이 어려울 만큼 비슷하게 생겼다.

정도이고 이 가운데 10종 정도를 종 수준까지 동정했다. 대부분 덩어리 모양이고 외형으로 드러난 형질이 많지 않기 때문에 동정하기가 쉽지 않았다. 평소 형태적 구별 능력을 강조하는 나도 해면 분류만큼은 분자 동정이 유리할 것이라는 생각을 하곤 한다. 특이한 점은 남극에서 채집한 깃해면류(*Mycale* sp.)의 어떤 종은 우리나라 동해안에서 볼 수 있는 깃해면(*Mycale adhaerens*)과 외형적으로 매우 닮았다. 또 어떤 종은 외형은 똑같은데 색깔이 완전히 다른 경우가 있다. 그럴 때마다 '어떻게 이럴 수 있지?' 하면서도 '왜 이런 시련을 주시는지요?' 하고 이들을 만들어 낸 자연에 하소연한다. 해면을 정확히 동정하기 위해서는 골편 (spicule, 무척추동물을 지지하는 바늘이나 막대 모양의 물질)을 관찰해야 한다. 희석한 락스 용액에 해면 조직 일부를 담가서 녹인 후 침전물을 현미경으로 관찰하면 골편을 볼 수 있다. 그렇더라도 마이크로미터 크기의 골편에서 차이를 찾아내기란 좀처럼 쉽지 않다.

해면은 스스로 움직일 수 없기 때문에 적으로부터 몸을 숨길 수 없다. 그러한 이유로 이들은 몸에 특이한 물질이 많이 있다. 해면을 채집

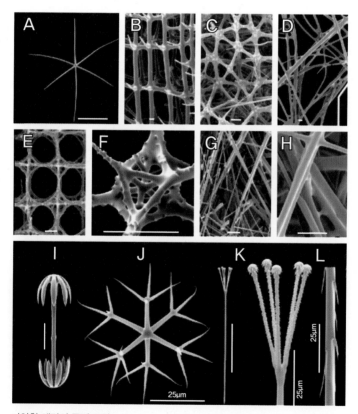

다양한 해면의 골편 모양

하다 보면 낭패를 볼 때가 많은데 어떤 종은 점액이 너무 나와 끈적거리고, 어떤 종은 골편이 길어서 선인장 가시처럼 손에 박혀 엄청 아프다. 극지연구소의 김상희 박사를 비롯한 전 세계의 연구진들도 해면의 독특한 방어 물질을 이용해서 유용한 생활성 성분을 찾기 위해 무진 애를 쓰고 있다. 일례로 남극해면(*Dendrilla membranosa*)에서 얻은 화합물(Darwinolide)은 메티실린 내성 황색포도상구균(MRSA)과 관련된 박테리아를 제거하는 데 탁월한 효과를 보이기 때문에 심지어 인류의 구원으로 보는 시각도 있다. 과연 해면은 인류에게 얼마나 도움을 줄 수 있을까? 가장 하등한 해면으로부터 인류 구원의 해답을 얻으려는 노력은 어쩌면 당연한 자연계의 법칙인지 모른다. 그리하여 남극의 해면이 인류가 직면한 문제를 스펀지처럼 어느 정도라도 닦아 줄 수 있으면 하는 바람이다.

우리를 더 연구하고 싶어지죠?

1 꽃 몽우리 다발 같은 *Kirkpatrickia variolosa*
2 세종기지 주변의 우점종인 *Sphaerotylus antarcticus*
3 호리병 주둥이를 닮은 *Polymastia invaginata*
4 동그란 알 모양의 *Suberites* sp.
5 밀가루 반죽을 벽에 붙여 놓은 모양새인 *Kirkpatrickia* sp.
6 페이스트리 빵처럼 맛있게 생긴 이름 모를 해면
7 털 수세미를 닮은 *Cinachyra antarctica*
8 뇌 모양을 닮은 *Dendrilla* sp.

외돌개 물속에 핀 꽃

산호를 '바다의 꽃'이라고 한다. 산호의 학명인 Anthozoa는 '꽃 (flower animals)'이라는 뜻으로 실제 모양이 들판의 꽃과 크게 다르지 않다. 다만 꽃은 향기가 아름답지만 산호는 매캐한 비린내가 난다는 차이가 있다. 산호를 모르는 사람은 없을 텐데 이런 유명세를 이용하기 위해 생물학자들은 '깃대종(flagship species)'이라는 용어를 만들었다. 쉽게 말해서 특정 지역의 대표 선수쯤 되는 생물인데 잘 알려진 '스타 생물'을 앞세워 보전 필요성을 더 높이려는 노력의 일환이다.

기지 생활과 물질이 몸에 익을 때쯤, 펭귄마을 앞 수중 조사에서 흘깃 보았던 산호 군락을 찾아가기로 했다. 메모판 대신 카메라를 들고 채집망도 더 큰 것으로 준비한 후 보물을 찾아 나서는 영화 「인디아나 존스」의 주인공처럼 물속을 탐험할 계획이었다. 펭귄마을 외돌개(우리가 부르는 이름이다)에서 입수하여 수심 30m까지 빠르게 하강하였다. 목적지가 정해졌으니 망설일 이유가 없었다. 30m쯤에서 하강을 멈추고 돌아서서 팀원들에게 탐색을 시작하자는 신호를 보냈다. 그때부터 표본을 채집하고 사진을 찍느라 모두 분주했다. 나는 우리 팀보다 몇 미터 밑에서 아래로 계속 이어진 경사면을 보고 있었다. 남아 있는 공기와 감압용 산소 탱크를 확인하고 동료들에게 더 내려가 보겠다는 신호를 보냈다. 주변은 수심이 깊어지면서 아주 어두워졌고 암벽에는 태형동물과 멍게들이 군데군데 나타났다. 그리고 수심 40m쯤 내려갔을 때 경사

화려하지 않지만 산호 군락이 드넓게 펼쳐져 있었다.

아! 보물을 찾은 것이다.

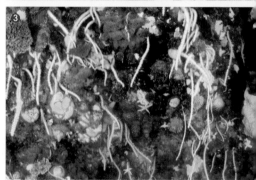

1 작은 폴립을 펴고 있는 *Onogorgia nodosa*

2 수심 40m의 진흙 바닥에서 주로 서식하는 바다조름(*Arntzia gracilis*)

3 고사리를 닮은 *Onogorgia nodosa*로 이루어진 산호 군락

4 10mm도 채 안 되는 길이의 *Clavularia frankliniana*. 마치 다른 연산호의 폴립이 떨어진 것 같지만 당당한 연산호의 한 종이다.

5 빗 또는 몽둥이처럼 생긴 *Thouarella antarctica*

6 노란 선인장처럼 탐스럽게 핀 *Alcyonium antarcticum*. 세종기지 주변의 대표적인 연산호이다.

7 산호의 친척 말미잘 *Urticinopsis antarctica*. 말미잘이 산호에 속한다고 하면 아무도 믿지 않는다.

8 유즐동물인 *Lyrocteis flavopallidus*. '빗해파리'라고도 부른다. 이들은 과거 산호가 속한 자포동물과 함께 강장동물에 묶여 있었으나 지금은 독립하였다.

아름다운 '남극 바다 정원'에 오신 것을 환영해요!

*Thouarella antarctica*로 이루어진 산호 군락

면에 턱이 지며 평지가 나타났다. 거리가 멀어서 앞에 얼룩처럼 희미하게 보이는 것들이 무엇인지 분간이 가지 않았기 때문에 비디오 라이트를 앞 방향으로 정확히 맞추고 평지로 조금 더 내려갔다. 드디어 서서히 드러나는 그 모습은 실로 장관이었다. 화려하지 않지만 산호 군락이 드넓게 펼쳐져 있었다. 아! 보물을 찾은 것이다. 산호 군락지 아래로 다시 경사지며 더 깊은 곳까지 이어졌지만, 수심이 너무 깊고 탱크에 공기가 부족해 더 진행하지 않았다.

현장에서 바로 생물들을 관찰하기 위해 이글루처럼 생긴 실험실에 표본 처리 장치들을 세팅해 두었다. 채집해 온 산호 표본들을 우선 깨끗한 바닷물로 씻고 산 채로 폴립(polyp)을 확인했다. 여덟 장의 꽃잎이 호흡을 위해 펼쳤다 오므렸다를 반복하는 모습이 갓난아기 손과 같

연산호류의 폴립. 꽃잎처럼 생긴 여덟 갈래의 촉수가 손가락 같이 움직인다.

았다. 조사 기간 동안 모두 일곱 종의 산호를 확인하였다. 이들은 모두 연산호나 부채산호류로서 돌산호에 비해 성장 속도가 빠르고 적응력이 뛰어나다. 우리 팀은 한국에서도 산호 연구를 하는데 산호 가지 일부를 잘라 단단한 기질에 본드로 붙여 주었더니 잘 자랐다. 그 모습을 보고 연약할 것만 같은 산호의 생존력에 놀라움을 금치 못했다. 아무튼 우리 가 찾은 펭귄마을 외돌개의 산호 군락지는 앞으로 훌륭한 스타가 되어 주변 생태계의 지킴이 역할을 해 주리라 믿는다.

일단은 크고 보자
남극의 연체동물

얼마 전부터 우리나라 포장마차에 가 보면 '흰골뱅이'라고 적힌 간판을 간혹 볼 수 있다. 맛이 담백하고 달아서 애주가들이 즐겨 찾는 안주이다. 남극에도 이와 비슷한 흰색 고둥이 있는데 우리는 이걸 '남극흰골뱅이(*Neobuccinum eatoni*)'라고 부른다. 골뱅이, 고둥, 조개 같은 생물은 모두 연체동물(Mollusca)에 속하는데 껍질의 모양으로 구분 짓는다. 우리가 흔히 보는 골뱅이, 고둥이라고 부르는 복족류(Gastropoda)는 배가 다리 역할을 한다. 껍질 두 장이 맞물린 조개는 이매패류(Bivalve)라고 하며 여기에 속하는 가리비는 날아다니기까지 한다. 문어, 낙지, 오징어는 두족류(Cephalopoda)인데 머리에 다리가 달렸다는 뜻이다. 이들 말고 군부류, 뿔조개류 등 한 번도 들어 보지 못했을 이름의 연체동물이 많다. 연체동물은 문명 이전 시대부터 식량, 화폐, 생활 도구, 장신구, 의약품 등에 다양하게 이용되어 왔기 때문에 우리에게 아주 익숙한 무척추동물이다.

남극에도 많은 종류의 연체동물이 있다. 대표적으로 흰골뱅이, 삿갓조개, 큰띠조개

'물렁물렁~ 꿀렁꿀렁~
말캉말캉~ 흐물흐물~'
우리는 연체동물!

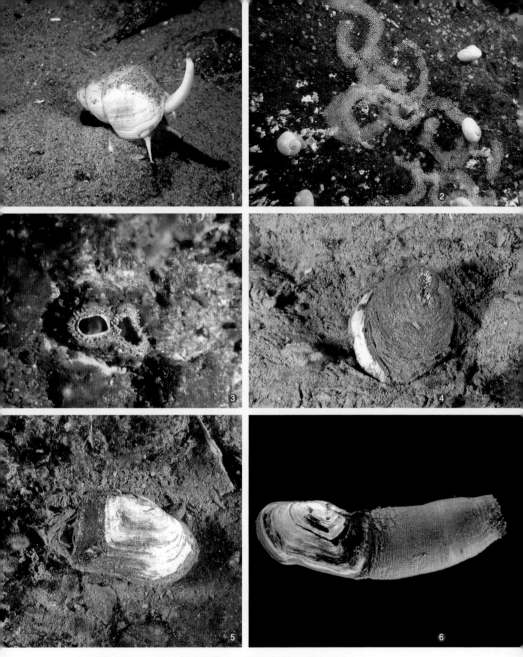

1 모래를 헤치고 나가는 남극흰골뱅이. 그 위상이 마치 코뿔소 같다.

2 암반에 알을 붙이고 있는 고둥 *Margarella antarctica*. 크기가 10mm를 넘지 않는다.

3 입수공과 출수공만 내민 큰띠조개

4 몸통이 늘어난 큰띠조개

5 흙 속에서 꺼낸 큰띠조개

6 큰띠조개의 패각과 몸통 전체

1~2 세종기지의 갯민숭달팽이류인 *Doris Kerguelenensis*이다.

3 우리나라 동해안의 노란테갯민숭이달팽이 (*Cadlina japonica*)는 *Doris Kerguelenensis*와 매우 닮았다.

4 삿갓조개의 일종인 *Nacella* sp.는 멍게 껍질 위에 붙어 있는 경우도 많다.

5 삿갓조개는 껍질이 넓적해서 '조개'라는 이름이 붙었지만 실제는 고둥이다. 돌 위에 다닥다닥 붙어 있다.

6 아주 작은 조개 *Lissarca miliaris*. 태형동물 가지에 매달려 있다.

7 남극에서 가장 유명한 가리비 *Adamussium colbecki*. 세종기지쪽에서는 본 적이 없고 장보고기지쪽에 많다.

8 연체동물인 군부류 *Tonicina zschaui*. 등에 껍질이 여덟 개이다.

연체동물들의 종류와 생김새도 무궁무진하답니다.

(*Laternula elliptica*), 갯민숭달팽이 등을 꼽을 수 있는데 종류별로 다양한 습성이 있다. 큰띠조개를 채집하는 날에는 반드시 모종삽을 가져가야 한다. 왜냐하면 이들은 땅을 파고 들어가서 밖으로 수관만 내놓고 있기 때문에 표본을 얻으려면 물속에서 삽질을 해야 하기 때문이다. 물속에서 삽질이라니 별짓을 다 해 본다. 한번은 우리 팀원 중 하나가 땅을 파는데 온 사방에 먼지가 피어올라 사진 찍던 사람들이 모두 자리를 피한 적이 있다. 삿갓조개는 삿갓 모양의 패각으로 몸을 감싸는 고둥인데 매끈한 암석 표면에 붙어서 산다. 주변에서 위험 신호를 감지하면 순식간에 삿갓을 세게 잡아당겨 돌멩이 표면에 빈틈없이 달라붙는다. 이걸 떼어 내려면 껍질 일부를 깨야 해서 우리도 더 건드리지 않는다. 연체동물 중에서 갯민숭달팽이라는 무리가 있다. 나새류(Nudibranch)라고 하는데 말 그대로 '벗었다'는 뜻이다. 갯민숭이는 껍질 없이 연체부만 있는데 지나치게 아름답다. 껍질이 없어서 물고기의 공격을 어떻게 피할까 싶지만 생김만 화려할 뿐 정말 맛이 없다. 특히 이들에게는 독소나 섭이저해물질이 있어서 물고기가 삼켰다가도 바로 뱉어 버린다. 불과 몇 초 만에 천당과 지옥을 왕래하는 셈이다.

처음 세종기지에서 연체동물을 채집했을 때 궁금한 점이 하나 있었다. 왜 이들은 대부분 껍질이 얇을까? 살짝만 건드려도 껍질이 부서져 버린다. 열대나 온대 지방의 패류들은 망치로 때려도 멀쩡한데 세종기지의 큰띠조개나 장보

남극의 연체동물은 왜 껍질이 얇을까요?

1～2 세종기지의 *Cuthona crinita*(위)와 우리나라의 눈송이갯민숭이(*Sakuraeolis gerberina*)(아래)는 아주 비슷하게 생겼다.

고기지의 남극가리비(*Adamussium colbecki*)는 너무 쉽게 깨진다. 몇 가지 타당한 추론 가운데 먹이가 적은 남극에서 껍질을 만드는 데 에너지를 소모하기보다 성장과 번식에 더 많은 에너지를 사용하기 때문이라는 의견과 연체동물을 잡아먹는 포식자가 많지 않아서 껍질이 두꺼울 필요가 없다는 의견이 있다. 남극 조개 중에 *Lassarca miliaris*는 성전환(switch sex)을 한다고 알려져 있는데 어린 단계에서는 수컷으로 번식하고, 중요한 장기가 번식할 만큼 충분히 커지면 암컷으로 전환한다. 다시 말해서 이들이 대부분의 에너지를 성장하는 데 사용한다는 사실을 짐작할 수 있다. 그런가 하면, 삿갓조개의 껍질은 두꺼운데 이건 또 어떻게 해석해야 할지 참으로 복잡한 일이다.

이들에게는 독소나 섭이저해물질이 있어서 물고기가
삼켰다가도 바로 뱉어 버린다. 불과 몇 초 만에
천당과 지옥을 왕래하는 셈이다.

다리로 숨 쉬는 바다거미

　남극의 다른 지역에 비해 세종기지 주변에서는 바다거미(sea spider)를 많이 볼 수 없다. 지난 2016년과 2017년에 걸쳐 바다거미를 찾아봤지만 매년 한 번씩밖에 만나지 못했다. 2016년 1월 펭귄마을 앞 수심 25m 해면 군락을 지날 때 우연히 바다거미 한 개체를 발견하였다. 걷는지 서 있는지 모를 만큼 아주 천천히 움직이고 있었다. 덕분에 사진 찍기는 쉬웠다. 절지동물(Arthropoda)에 속하는 바다거미는 몸이 작은 반면 다리가 길다. 특히 남극바다거미(*Dodecalopoda mawsoni*)는 독특하게도 크기가 커서 보통 1~2cm 크기의 온대 지방 종들보다 수십에서 수백 배 더 크다. 이들은 폐나 아가미가 없는데 어떻게 산소를 얻을까? 남극바다거미를 오래 관찰한 생물학자에 의하면, 바다거미의 소화관은 매우 독특하게도 모든 다리 끝까지 뻗어 있고 소화관의 움직임을 통해 온몸에 산소가 공급된다고 한다(Arthur, 2017). 특히 다리의 미세한 구멍들을 통해 산소를 흡수한다고 알려졌다. 지구상 모든 동물이 자신에게 닥친 문제들 앞에서 얼마나 다양한 진화적 해결책을 가지고 있는지 생각해 보면 경이롭다.

　세종기지 주변에는 바다거미 이외에도 다양한 절지동물이 서식하는데, 대형 갑각류로는 단각류(Amphipoda)와 등각류(Isopoda)가 있다. 우리나라의 단각류와 등각류의 크기는 보통 1~2cm지만 내가 남극에서 본 가장 큰 단각류는 4.5cm, 등각류는 6.7cm였다. 아마 성장에 많

1~2 다리가 심장인 바다거미 *Colossendeis australis*. 몸통이 아주 작고 다리가 길다.

모래 속에 숨어
있는 절지동물을
찾아 보세요!

1 진흙 바닥에 몸을 숨긴 등각류 *Serolella* sp.
2 세종기지에서 흔히 보이는 옆새우류 *Bovallia gigantea*.
크기가 크고 등에 난 큰 혹이 특징이다.

3 세종기지에서 가장 큰 갑각류인 *Glyptonotus antarcticus*. 쥐며느리와 같은 등각류이다.
4 몸통이 얇고 연약한 등각류 *Serolid* sp. 세종기지에는 등각류가 4~5종 살고 있다.

은 노력을 기울이다 보니 덩치가 커지는 방향으로 적응했을 것이라 생각한다. 단각류를 '옆새우류'라고도 하는데 대부분 옆으로 누워 이동하기 때문에 붙여진 이름으로 아마 개체수로는 남극에서 순위 안에 드는 우점종일 것이다. 대부분 돌 밑에 사는데 수십 마리가 바글바글 모여 있다가 돌을 뒤집어 보면 순식간에 다른 곳으로 도망친다. 등각류 중에 *Glyptonotus antarcticus*는 단단하고 공격적으로 생겼지만 엄청 느리다. 한번은 불가사리와 이 녀석이 서로 엉켜 있어서 이 녀석이 불가사리를 잡아먹는 줄 알았는데 알고 보니 불가사리에게 잡아먹히고 있었다. 빠르고 억세기로 유명한 갑각류의 체면이 말이 아닌 장면이었다.

나처럼 다리가 많은 친구들이랍니다.

한 가지 특이한 것은 열대나 온대 지방에서는 십각류(Decapoda)가 가장 흔한데 세종기지에서는 단 한 종도 확인하

지구상 모든 동물이 자신에게 닥친 문제들
앞에서 얼마나 다양한 진화적 해결책을
가지고 있는지 생각해 보면 경이롭다.

사마귀를 닮은 갑각류

지 못했다(물론 남극의 깊은 수심에는 몇 종의 새우가 서식한다고 알려져 있다). 왜 전 세계 해양 환경에 가장 잘 적응한 십각류가 남극 연안에는 없을까? 기회가 주어지지 않아서일까? 분류군의 체질적 한계일까? 심해 열수구 근처에도 사는데 말이다. 안타깝게도 아직 해답을 찾지 못했다. 하루는 마음먹고 게나 새우, 게붙이나 새우붙이, 집게 등을 찾아나선 적이 있다. 이들은 보통 해안가 웅덩이, 돌 밑, 무척추동물이나 해조류 부착기 틈 같은 곳에서 산다. 이런 서식 정보를 바탕으로 돌도 들어 보고, 해조류나 멍게 틈새도 찾아 보고, 정말로 이 잡듯 뒤져 봤지만 결국 한 개체도 찾지 못했다. 인간과 마찬가지로 이들에게도 남극은 아직 허락되지 않은 공간인가 보다.

먹깨비 불가사리

불가사리가 먹이 먹는 모습을 보면 '먹깨비'라는 단어가 저절로 떠오른다. 먹이가 없으면 없는 대로, 있으면 있는 대로, 쉬지 않고 먹이 활동을 한다. 불가사리의 이런 습성은 남극이라고 해서 다르지 않은데 백여 마리 정도의 불가사리가 상처 난 해면에 바글바글 모여들기도 하고, 움직이는 등각류를 십여 마리가 잡아먹기도 한다. 또 친척인 성게나 심지어 동족인 불가사리를 잡아먹기도 한다. 이런 식성으로 인해 불가사리는 좋지 않은 이미지로 남았다. 특히 어민들에게 피해를 주니 적대감이 더욱 커진다. 조개 양식이 잘 되는 우리나라에는 매년 많은 양의 어린 조개를 바다에 뿌리는데 고양이 앞에서 생선을 말리는 셈이다. 몇 해 전 통발 안에 가득 든 불가사리를 보고 한숨짓던 어부의 인터뷰를 본 적이 있을 것이다.

> 불가사리의 '먹방'
> 한번 보고 싶네요.

야누스는 문(門)의 수호신으로, 두 얼굴을 가지고 있어서 이중적인 사람을 비유적으로 가리키기도 한다. 불가사리에 대한 시각도 이와 마찬가지이다. 대부분 생태계 골칫거리로 보지만 실제로는 훌륭한 청소부이고 저서 생태계(바다나 하천 등의 바닥에 서식하는 생물들의 생태계)의 주춧돌 종(keystone species)이다. 불가사리는 오랜 진화의 역사 속에서

불가사리들이 갑각류인 *Glyptonotus antarcticus*를 잡아먹고 있다.

해양 생태계에 잘 적응해서 엄청난 생존력을 바탕으로 인간에 의해 더럽혀진 바다를 열심히 청소해 왔는데 유해 생물로 찍혔으니 불가사리 입장에서는 보통 억울한 일이 아닐 것이다.

우리나라에는 다리가 엄청 많은 문어다리불가사리(*Plazaster bore-alis*)가 있는데 문어는 다리가 여덟 개지만 이들은 40개도 넘는다. 세종기지 수중 조사 둘째 날 부두 앞 수심 25m쯤에서 이 종과 닮은 남극 문어다리불가사리(*Labidiaster radiosus*)를 만났다. 전체 폭이 대략 50cm 정도로 아주 컸는데 도대체 저 많은 다리를 어떻게 움직일지 궁금했다. 조금만 헷갈려도 엄청나게 꼬일 텐데…. 남극에서 우리나라에 사는 종과 유사한 생물을 보는 일은 매우 새로운 경험이자 생물 다양성을 직접 체험할 수 있는 기회가 된다.

몇 년 전까지만 해도 세종기지 앞에는 우리나라에서 흔히 볼 수 있

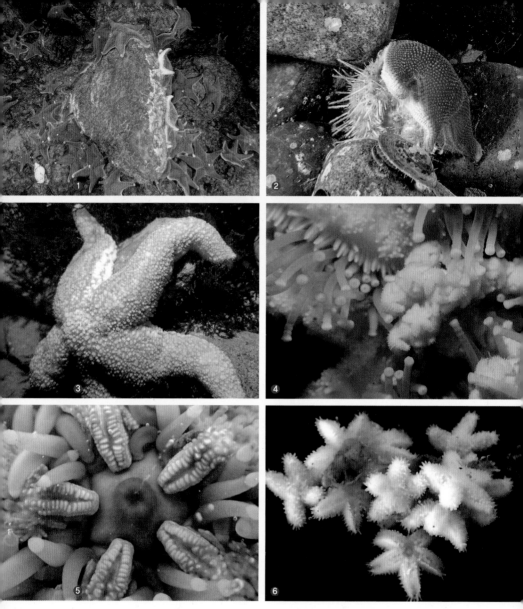

1 남극에서 가장 흔한 남극별불가사리(*Odontaster validus*)가 상처 난 해면으로 몰려들고 있다.

2 남극별불가사리가 성게를 잡아먹고 있다.

3 세종기지에 서식하는 대표적인 종 블루스불가사리(*Diplasterias brucei*). 몸이 유연하여 마치 블루스를 추는 듯 움직인다.

4 블루스불가사리는 몸 속에서 알을 부화시켜 입을 통해 작은 새끼들을 내보낸다.

5 블루스불가사리의 입 구조

6 어린 블루스불가사리

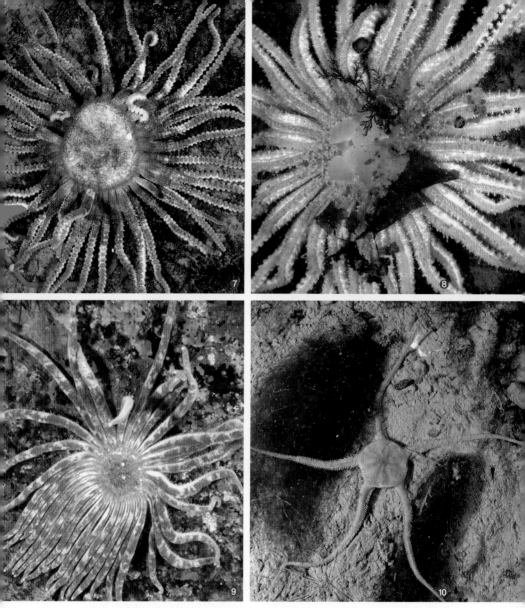

7~8 남극문어다리불가사리의 식사. 불가사리의 몸통이 둥글게 부풀어 있으면 식사 중이라고 보면 된다. 불가사리는 위의 일부를 밖으로 내밀어 먹이를 감싼 후 녹여 먹는다.

9 남극문어다리불가사리와 닮은 우리나라의 문어다리불가사리(*Plazaster borealis*)

10 발끝을 들고 있는 거미다리불가사리(*Ophionotus victoriae*). 주로 진흙 바닥에 많다.

1 세종기지 근처에 있던 우점종이었지만 지금은 흔치 않은 성게
2 희귀종인 가는관극성게류(*Ctenocidaris perrieri*)
3 심장을 닮아서 염통성게(*Abatus* sp.)라고 부른다.

는 성게(*Sterechinus neumayeri*)도 아주 많았다고 한다. 하지만 우리가 갔을 때는 겨우 몇 개체만 확인할 수 있었고 이후로도 우리가 관찰할 수 있는 범위 내에서는 성게를 많이 보지 못했다. 그 사이 무슨 일이 있었고 다들 어디로 간 것일까? 무척추동물은 모두 유생 단계를 거치는데 유생은 온도에 매우 민감하다. 만약 우점종이 갑자기 감소했다면 환경 변화를 의심해 봐야 한다. 좀 더 관찰해야겠지만 세종기지에서 성게가 정말 사라졌다면 나는 그 주범으로 수온을 꼽고 싶다. 다음으로는 외부에서 유입되는 미세 분진들이 아닐까 생각한다. 어쩌면 이 일이 기후 변화에 대한 신호가 아닐까? 여기까지 생각이 닿자 갑자기 머릿속이 분주해진다. 머리만 복잡할 뿐 뚜렷이 잡히는 실마리는 없고 한숨 쉬는 일이 더 많다.

•불가사리의 친구, 해삼•

극피동물은 무척추동물의 한 분류군으로, 호흡, 순환, 운동에 관계하는
특유의 수관계를 지닌다. 해삼은 불가사리와 함께 극피동물에 속한다.

1 세종기지에서 흔히 볼 수 있는 키 큰 해삼 *Staurocucumis turqueti*
2~3 몸통을 바위틈에 숨기고 있는 광삼류 *Heterocucumis* sp.의 폴립과
몸통
4~5 아직까지 이름을 확인하지 못해 '거시기'라고 부르는 해삼의 몸통과 입
주위의 촉수

척추동물의 친척

멍게는 많은 무척추동물 중에서 위상이 꽤 높은 생물이다. 하등한 순서대로 나열하면 가장 마지막에 오는 척삭동물(Chordata, 척추동물이 이에 포함된다)에 속한다. 게다가 어류가 멍게류(정확히는 피낭류)의 유생으로부터 비롯되었다는 주장이 있다. 즉, 올챙이 모양의 멍게 유생이 성체로 발달해야 하는데 이 과정에 문제가 생겨서 계속 유생으로 헤엄쳐 다녔고, 이 무리들이 어류로 진화하는 발단이 되었다는 주장이다. 전문적으로는 유형진화(paedomorphosis)라고 하며 유형성숙(幼形成熟, neotony)이 대표적이다.

멍게는 몸을 피낭(껍질)으로 싸는 무리를 말하는데 올챙이 유생이 착저(settlement) 시기가 되면 단단한 기질에 붙는다. 부착돌기가 안정화되면 멍게 올챙이의 꼬리가 퇴화하면서 소화계가 발달하고 피낭이 두꺼워지면서 성체가 되는데, 이 모습이 바로 우리가 아는 멍게이다.

세종기지 수중 조사 동안 매 순간이 놀람의 연속이었지만 멍게에 대해서는 더욱 그랬다. 해면이나 불가사리가 많을 것이라곤 어느 정도 예상을 할 수 있었지만, 멍게가 수중 생태계의 핵심 역할을 하리라고는 예상하지 못했다. 멍게가 중요한 이유는 여러 개체의 멍게가 군락을 이루면서 부착기와 멍게들 사이에 다양한 생물이 살 수 있는 공간을 만들어주기 때문이다. 즉, 생물 다양성을 증가시키는 구조적 역할을 톡톡히 해낸다는 말이다. 이렇게 생물들은 자신도 생물 다양성의 일원이면서 동

1 영화 「이티(E.T.)」에 나오는 이티를 닮은 *Mogula* sp.
2~4 자루가 길고 투명한 *Mogula* sp.

시에 다른 생물들과 공존(coexistence)함으로써 더욱더 다양성을 증가
시킨다.

　　처음 포터 소만(Porter Cove)을 조사하던 때 우리는 어마어마하게
큰 멍게인 *Paramolgula gregaria*를 보고 혀를 내둘렀다. 몸통은 부풀어
서 자루 모양을 하는데 그 위쪽으로 도깨비 귀처럼 입수공과 출수공이
돋아 있었다(멍게의 입수공은 항상 쫑긋 서 있고 출수공은 옆으로 굽어

1 긴 털이 나 있는 *Pyura* sp.
2~4 세종기지에서 가장 흔한 멍게 *Cne-midocarpa verrucosa*. 외피의 모양이 다양해서 혼동하기 쉽다.
5 돌 밑에 옆구리를 붙이고 있는 유령 멍게(*Ciona* sp.)들

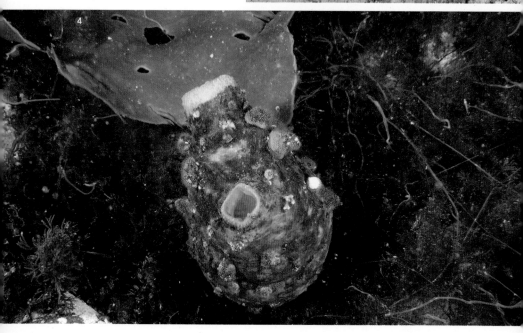

있다). 자루는 어른 손목만 하고 때에 따라 짧거나 길었다. 피낭의 표면은 아주 매끈하고 부드러웠으며 탄력이 있었다. 보는 방향에 따라 도깨비 방망이 같기도 하고 코주부 영감 같기도 했다. 우리는 모두 이 큰 멍게에 대해 적극적으로 호기심을 품기 시작했다. 우리는 실험실에 오자마자 멍게의 피낭을 벗겼다. 그러자 심장을 닮은 붉은색의 속살이 드러났다. 그동안 봐왔던 멍게와 달리 내막이 아주 얇고 투명했으며 그 속에 실핏줄처럼 선명한 붉은색의 그물 구조가 보였다. 수중 조사를 하다 보면 주변 사람들에게 심지어는 다른 분야의 생물학 연구자들로부터 이런 얘기를 자주 듣는다. "뭐 잡았어요? 이거 먹을 수 있어요?" 그럴 때마다 안타까운 마음이 든다. 생물이 먹는 것에만 국한되지 않을 텐데….
이런 우리의 식성이 지구상의 많은 식용 가능한 대형 동물을 멸종시켜왔다는 사실을 아는지 모르겠다.

1~3 코주부를 닮은 *Paramolgula gregaria*
3 외피를 벗겨 낸 모습

남극 수중에
하찮은 것은 없다

혐오스러운 외모 때문에 사람들이 기피하는 생물이 있다. 대표적으로 지렁이가 그렇다. 세종기지 부두 앞 35m 수심에는 경사가 완만한 진흙 바닥이 형성되어 있는데 이곳에는 진흙에 파묻혀서 흙 속의 유기물을 섭취하는 갯지렁이가 많이 서식한다. 더덕갯지렁이(*Flabegraviera mundata*)가 펄 위를 기어 다니는 모습을 보면 영락없는 더덕 같다. 실제로는 반투명한 몸과 가느다란 측각을 가졌는데 이 강모가 땅속을 잘 기어 다닐 수 있게 한다. 아예 흙 속이나 돌 밑에 튜브를 만들어 놓고 숨어서 사는 종도 있다. 몸은 튜브 안에 있고 촉수만 길게 밖으로 내밀어서 여기에 걸리는 작은 생물들을 잡아먹는다.

징그러움의 '끝판왕'이랄 수 있는 생물로 바로 남극끈벌레(*Parbor-lasia corrugatus*)를 들 수 있다. 끈벌레는 영어로 'ribbon worm'이라고 하는데 생긴 것과 달리 동물계의 한 문(phylum)을 차지하는 뼈대 있는 집안으로 당당하게 자리 잡고 있다. 그런데 실제로는 뼈가 없이 몸에 발달한 근육으로만 움직이는데 서로 뒤엉켜서 꼬여 있는 모습을 보면 동물의 내장 같은 것이, 딱 우리가 상상하는 그것과 똑같다. 이들은 이빨이 없어서 입을 크게 벌려 먹이를 삼킨 후 강한 산을 분비해 녹여 먹는다고 알려져 있다.

SF영화에서나 볼 법하게 생겼지만, 모두가 다 자연 생태계를 이루는 소중한 생물이랍니다!

1 더덕갯지렁이

2 진흙에 파묻힌 더덕갯지렁이

3 몸에 방패 같은 비늘을 붙이고 사는 비늘갯지렁이류 *Eulagisca* sp.

4 꽃처럼 촉수를 펼치고 있는 꽃갯지렁이(*Perkinsiana littoralis*)

5 아주 작고 동그란 석회관을 만들어서 사는 동그라미석회관갯지렁이류 *Serpulid* sp.

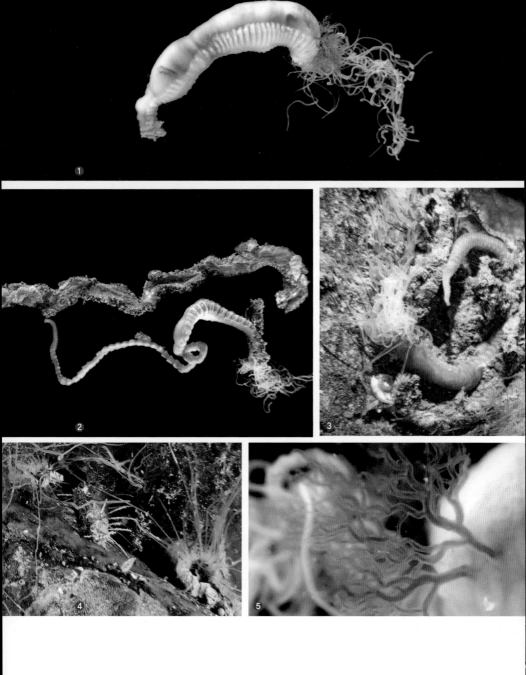

1 유령갯지렁이(*Aphelochaeta* sp.)의 몸통과 촉수
2 유령갯지렁이의 서관(tube)
3 관을 만들어서 암반에 붙어 있는 유령갯지렁이
4 진흙 속에 몸을 숨기고 끈끈한 촉수만 길게 내밀고 있는
유령갯지렁이
5 유령갯지렁이의 핏줄 같이 생긴 아가미
6 동물의 내장 같이 생긴 끈벌레 *Parborlasia corrugatus*
7 바닥에 아무렇게나 버려진 것 같지만 끈벌레의 긴 입이 보인다.

1 풀 같이 생긴 태형동물 *Cheilostomatida* sp. 이끼벌레라고도 한다.
2 끈벌레가 삿갓조개를 먹는 모습. 좀처럼 관찰하기 어려운 장면이다.
3 조개를 닮은 완족동물인 조개사돈류
4 조개사돈 *Liothyrella* sp.
5 조개사돈 *Liothyrella uva*

알고만 있고 직접 보지는 못하다가 2016년 1월 18일 기지 부두 앞 수심 20m 못 미친 암석지대에서 끈벌레가 사냥하는 모습을 볼 수 있었다. 돌 밑에 몸을 숨기고 있다가 아주 천천히 머리를 내밀고 입을 크게 벌려 삿갓조개를 감싸는 장면을 보았다. 외모나 행동으로 보면 아무것도 아닌 것 같이 생긴 생명체가 이토록 강한 포식성이 있다니 놀라웠다.

세상에는 생소한 동물도 많다. 남극끈벌레가 속한 외항동물(Ectoprocta)은 과거에는 태형동물이라 불렸는데 '이끼벌레'라는 뜻이다. 사진으로 소개한 이 생명체가 과연 동물이긴 한 건지? 동물과 식물의 경계가 무엇인지 고민스럽다. 이해를 돕기 위해 구조를 잠시 설명하자면 우리가 보는 외형은 틀(frame)이고 작은 방들로 이루어져서 그 안에 개충(zooid)이라는 것이 들어 있다. 개충은 촉수, 인두, 위, 장, 항문 등 완벽하게 동물의 구조를 이룬다. 하지만 아쉽게도 개충의 크기는 1mm보다 훨씬 작아서 현미경으로나 간신히 볼 수 있다.

낯선 동물의 또 다른 주인공은 조개를 닮은 완족동물(Brachyopoda)

조개를 닮았지만
조개가 아니에요.

과 해파리 친척인 유즐동물(Ctenophora)이다. 완족동물은 조개사돈(lamp shell)이라는 별명이 있는데 겉만 닮은 생물들에게 흔히 '-사돈', '-아재비', '-붙이' 등의 어미를 붙여서 부른다. 실제로 외형만 조개를 닮았을 뿐 연체동물인 조개와는 아주 거리가 멀다. 유즐동물은 '빗해파리(comb jelly)'라고도 부르는데 예전에는 강장동물로 해파리와 같은 무리에 속해 있었지만, 지금은 독립적인 하나의 문 단위 분류군이다.

이와 같이 지구상에는, 특히 남극에는 우리가 알지 못하는 생물이 무수히 많다. 게다가 하찮게 여겨지는 하등동물도 각자 고유한 생존 전략이 있으며 오히려 경이롭기까지 하다. 그러니 이들 모두가 다 자연 생태계의 주인공이라 하지 않을 수 없다.

참고문헌

제1부

Morphology, morphogenesis, and molecular phylogeny of a new freshwater ciliate, Gonostomum jangbogoensis n. sp., from Victoria Land, Antarctica (2019. European Journal of Protistology에 심사 중).

Park, KM., Jung, JH., Min, GS., Kim, S. (2017) *Pseudonotohymena antarctica* n. g., n. sp. (Ciliophora, Hypotricha), a New Species from Antarctic Soil. *J of Eukaryo Microb.* 64, 447-456.

Jung., JH., Park, KM., Kim, S.(2016) Morphology and Molecular Phylogeny of the Soil Ciliate *Anteholosticha rectangula* sp. nov. from King George Island, Maritime Antarctica. *ACTA Protozoologica.* 55:89-99.

Jung, JH., Baek, YS., Kim, S., Choi, HG. (2016) Morphology and molecular phylogeny of a new freshwater ciliate *Urosomoida sejongensis* n. sp.(Ciliophora, Sporadotrichida, Oxytrichidae) from King George Island. *Zootaxa.* 4072(2):254-262.

Kang, S., Ahn, DH., Lee, JH., Lee, SG., Shin, SC., Lee J., Lee, H., Kim., HW., Kim, S., Park, H. (2017) The genome of Antarctic-endemic Copepod, *Tigriopus kingsejongensis. GigaScience.* 6:1-9.

Han, J., Puthumana, J., Lee MC., Kim, S., Lee, JS. (2016) Different susceptibilities of the Antarctic and temperate copepods *Tigriopus kingsejongensis* and *Tigriopus japonicus* to ultraviolet (UV) radiation. *Mar. Ecol. Prog. Ser.* 561:99-107.

Kim, HS., Lee, BY., Han, J., Lee, YH., Min, GS., Kim, S., Lee, JS. (2016) De novo assembly and annotation of the Antarctic copepod (*Tigriopus kingsejongensis*) transcriptome. *Marine Genomics.* 28:37-39.

Jung, W., Kim, EJ., Han, SJ., Choi, HG., Kim, S. (2016) Characterization of Stearoyl-CoA Desaturases from a Psychrophilic Antarctic Copepod, *Tigriopus kingsejongensis. Mar Biotechnol.* 18:564-574.

Lee, SR., Lee, JH., Kim, AR., Kim, S., Park, H., Baek, HJ., Kim, HW. (2016) Three cDNAs encoding vitellogenin homologs from Antarctic copepod, *Tigriopus kingsejongensis*: Cloning and transcriptional analysis in different maturation stages, temperatures, and putative reproductive hormones. *Comp Bioch and Phys, part B.* 192:38-48.

Baek, YS., Min, GS., Kim, S., Choi, HG. (2016) Complete mitochondrial genome of the Antarctic barnacle *Lepas australis*(Crustacea, Maxillopoda, Cirripedia). *Mitochondrial DNA.*27(3):1677-1678.

Blake JM, 1983. Polychaetes of the Family Spiondae from South America, Antartica, and Sdjacent Seas and Island. Biology of the Antarctic Seas XIV. Antarctic Research Series, Volume 39(3)4, 289-316.

Brueggeman P, 1998. Porifera – Demospongiae: Underwater Field Guide to Ross Island & McMurdo Sound, Antarctica. National Science Foundation's Office of Polar Programs. 121pp.

Brueggeman P, 1998. Nemertea-proboscis worms: Underwater Field Guide to Ross Island & McMurdo Sound, Antarctica. National Science Foundation's Office of Polar Programs. 10pp.

Brueggeman P, 1998. Anthozoa-anemones, soft coral: Underwater Field Guide to Ross Island & McMurdo Sound, Antarctica. National Science Foundation's Office of Polar Programs. 79pp.

Burton M. 1929. Porifera. Part II. Antarctic Sponges. British Antarctic "Terra Nova" Expedition 1910. Natural History Report. Zoology, 6: 393-458.

Cano E, López-González PJ, 2013. New data concerning postembryonic development in Antarctic Ammothea species (Pycnogonida: Ammotheidae). Polar Biol. 36:1175–1193.

Choe BL, Lee JR, Ahn I-Y, Chung H, 1994. Preliminary Study of Malacofauna of Maxwell Bay, South Shetland Islands, Antartica. Korean Journal of Polar Research. Vol. 5(2), 15-28.

Campos M, Mothes B, Mendes IRV, 2007. Antarctic sponges (Porifera, Demospongiae) of the South Shetland Islands and vicinity. Part I. Spirophorida, Astrophorida, Hadromerida, Halichondrida and Haplosclerida. Revista Brasileira de Zoologia 24(3): 687-708.

Cantone G, 1995. Polychaeta "Sedentaria" of Terra Nova Bay (Ross Sea, Antarctica): Capitellidae to Serpulidae. Polar Biology, 15(4), pp. 295-302.

Clarke A, Johnston NM, 2003. Antarctic marine benthic diversity. Oceanography and Marine Biology: an Annual Review. 41: 47-114.

Clark HES, 1963. The Fauna of the Ross Sea. Part 3. Asteroidea. New Zealand Oceanographic Institute Memoir 21, 84 pp.

Desqueyroux-Faúndez R, 1989. Demospongiae (Porifera) del litoral chileno antartico. Serie Cientifica INACH. 39: 97-158.

Galea HR, Schories D, 2012. Some hydrozoans (Cnidaria) from King George Island, Antarctica. Zootaxa. 3321: : 1–21.

Ghiglione C, Alvaro MC, Cecchetto M, Canese S, Downey R, Guzzi A, Mazzoli C, Paola Piazza P, Rapp HT, Sarà A, Schiaparelli S, 2018. Porifera collection of the Italian National Antarctic Museum (MNA), with an updated checklist from Terra Nova Bay (Ross Sea). ZooKeys, 758: 137–156.

Gibson R, 1983. Antarctic nemerteans: The Anatomy, Distribution and Biology of Parborlasia Corrugatus (McIntosh, 1876) (Heteronemertea, Lineidae). Biology of the Antarctic Seas XIV. Antarctic Research Series, Volume 39, Paper 4, Pages 289-316.

Göcke C, Janussen D, 2013. Demospongiae of ANT XXIV/2 (SYSTCO I) Expedition—Antarctic Eastern Weddell Sea. Zootaxa 3692 (1): 028–101.

Hayward PJ, 1995. Antarctic Chelilostomatous Bryozoa. Oxford University Press. 355pp.

Koltun,WM, 1976. Porifera – Part I: Antarctic Sponges. B.A.N.Z. Antarctic Research Expedition, Reports, Series B (Zoology and Botany) 9 (4): 147-198.

Larson RJ, 1986. Pelagic Scyphomedusae (Scyphoza: Coronatae and Semeaostomae) of the Southern Ocean. In Kornicker L.S. (ed) Biology of the Antarctic Seas, XVI. Antarctic Research Series 41, 59-165.

McKnight DG, 1976. Asteroids from the Ross Sea and the Balleny Islands. New Zealand Oceanographic Records, 3(4), 21–31.

Neill K, 2016. Amazing Antarctic Asteroids. A guide to the starfish of the Ross Sea. Version 1. NIWA by TC Media Ltd. 49pp.

Ríos P, Cristobo FJ, Urgorri V, 2004. Poecilosclerida (Porifera, Demospongiae) collected by the Spanish Antarctic expedition Bentart-94. Cahiers de Biologie Marine. 45: 97-119.

Schories D, Kohlberg G(eds.), 2016. Marine Wildlife, King George Island, Antarctica. Dirk Schories Publications, 348 pp.

Topsent E, 1905. Notes sur les Éponges receuillies par le Français dans l' Antarctique. Description d'une *Dendrilla* nouvelle. Bulletin du Muséum national d' histoire naturelle. 11 (6): 502-505.

Verseveldt J. & van Ofwegen LP, 1992. New and redescribed species of *Alcyonium* Linnaeus, 1758(Anthozoa: Alcyonacea). Zoologische Mededeligen 66. 155-181.

Vine PJ, 1977. The Marine Fauna of New Zealand Spirorbinae (Polychaeta: Serpulidae). New Zealand Oceanographic Institute Memoir No. 68. 68pp.

찾아보기

남극생물학자의 연구노트 02

시소하지만 중요한
남극 바닷속
무척추동물 -킹조지섬 편

Marine Invertebrates in Antarctica
-King George Island

초판 1쇄 인쇄 2019년 12월 27일
초판 1쇄 발행 2020년 1월 20일

글쓴이 김상희, 김사흥

펴낸곳 지오북(**GEO**BOOK)
펴낸이 황영심
편집 이경희, 전슬기
디자인 김정현, 권지혜

주소 서울특별시 종로구 새문안로5가길 28, 1015호
(적선동 광화문플래티넘)
Tel_02-732-0337 Fax_02-732-9337
eMail_book@geobook.co.kr
www.geobook.co.kr
cafe.naver.com/geobookpub

출판등록번호 제300-2003-211
출판등록일 2003년 11월 27일

ⓒ 극지연구소 2020
지은이와 협의하여 검인은 생략합니다.

ISBN 978-89-94242-67-5 03490